室内设计
手绘表现
教程

刘日端 常 堃 编著

INTERIOR HAND PERFORMANCE TUTORIAL

大连理工大学出版社

图书在版编目(CIP)数据

室内设计手绘表现教程／刘日端，常堃编著.—大连：大连理工大学出版社，2010.6（2012.2重印）
ISBN 978-7-5611-5574-5

Ⅰ.①室… Ⅱ.①刘… ②常… Ⅲ.①室内设计—建筑构图—技法（美术）Ⅳ.①TU204

中国版本图书馆CIP数据核字（2010）第104373号

出版发行：大连理工大学出版社
（地址：大连市软件园路80号 邮编：116023）
印　　刷：精一印刷（深圳）有限公司
幅面尺寸：185mm × 260mm
印　　张：11.5
插　　页：4
出版时间：2010年6月第1版
印刷时间：2012年2月第2次印刷
责任编辑：袁　斌
责任校对：李　茉
封面设计：王　豪

ISBN 978-7-5611-5574-5
定　　价：58.00元

电 话：0411-84708842
传 真：0411-84701466
邮 购：0411-84703636
E-mail: designbooks_dutp@yahoo.com.cn
URL: http://www.dutp.cn

如有质量问题请联系出版中心：（0411）84709043　84709246

导 言

一、室内手绘效果图表现课程的教学意义

室内手绘效果图表现技法课程作为室内设计专业、环境艺术设计专业的必修基础课，一直以来都受到专业设计人员与各高等院校在校学生的重视。学习、从事设计专业应具备两个最基本能力：设计思维能力与设计表达能力。设计表达能力可以使设计师用设计语言将方案完美展现，而效果图的表现就是设计师表达自己设计语言最为直接和有效的方法。现阶段效果图表现技法的种类层出不穷，形成了多种表现形式共存的局面，其中包括科技时代的产物——电脑效果图表现，大大地提高了设计的表现能力，使设计方案能够更加真实形象地展现。然而，由于电脑的方便快捷，使我们一些年轻的设计师过分地依赖电脑制图而忽略了自身的手绘表现能力，片面地把设计的过程定义为电脑的制作表现过程，这大大地偏离了设计的根本理念，对设计的发展极为不利。设计是科学且合理的体系，设计过程中时刻贯穿着对设计理念与设计情感的表达，这不是仅凭电脑效果图逼真的图面效果就可以诠释的。因为电脑效果图只是设计结果的展示，而手绘效果图则可贯穿整个设计过程的始终，且以其强烈的艺术感染力时刻传递着设计的语言、思想、理念和情感，为解决设计过程中出现的问题提供了方便与快捷的手段。因此，徒手表现的能力无疑是在进行方案设计过程中时刻记录、展现设计师设计思路的最佳助手。

二、 室内手绘效果图表现课程的教学要求

（一）室内手绘效果图课程的教学内容与学习过程

对于室内手绘效果图表现课程，我们应该有一个全面且系统的学习方案，在课程教学中强化训练相关的基础知识。手绘效果图要表现准确的空间透视、相对精确的家具尺度，还要表现出材料的固有色彩及质感，尽可能真实地表现场景光感与阴影变化。手绘效果图是设计师职业技能水平的体现。因此，我们要循序渐进地训练学生的手绘表现能力，学生要下苦功，将临摹与速写作为一项天天不离手的基本功来训练，从临摹中总结手绘元素的表现规律，并在写生练习中提高认识，总结出新的规律。

教学内容：素描训练→色彩训练→透视训练→构图训练→针管笔线条训练→各类室内手绘表现工具使用的分项训练→综合技法表现训练

学习过程：材质表现临摹→装饰配置效果图临摹→空间场景效果图临摹→局部空间照片临摹→完整空间场景照片临摹→局部空间写生→完整空间场景写生→依据设计方案图纸创作绘制效果图

（二）室内手绘效果图课程的教学目标

作为室内设计、环境艺术设计等相关专业的设计人员，应该能熟练地运用各种效果图表现技法为其设计的项目服务，而室内手绘效果图就是必不可少的效果图表现形式之一。因此，一个优秀的室内设计师除了要有广博扎实的专业理论知识以外，还应掌握专业性的艺术绘画技法，才能准确地表达出自己的设计创意与设计理念。这里我们要为学生提供一个较为全面系统的手绘学习课程，以提高学生的学习意识，加强学生对手绘表现的重视。同时注重对学生个性化表现能力及创新意识的培养，让学生通过对各种类型室内手绘表现技法的全面认识和系统学习，找出适合自己、适合社会发展的表现技法，加强训练，为提高设计水平打下坚实的基础。

目 录

ZHANGH
05.3

第一章 概 述

第一节 室内效果图的概念

室内效果图又称室内设计表现图，它是指通过图像或图形来表现室内设计思想及设计师设计思维和设计理念的视觉传达手段。它是对室内环境设计的直观表达，是设计方案实施的预想图，也是设计师之间或专业设计师与非专业人员之间沟通的最好媒介。特别是手绘效果草图，它还可以作为设计师进行方案构思创作时的最佳记录手段。

第二节 室内手绘效果图表现的特点与技法种类

（一）室内手绘效果图表现的特点

室内手绘效果图虽然不能说是纯艺术作品，但它是具有一定艺术魅力的，画面效果较电脑效果图更具有艺术感染力，它是技术与艺术的双重体现。一幅优秀的室内手绘效果图，能满足丰富的思维想象力，使预想向现实靠拢。设计师在方案设计过程中通过手绘效果草

作者 常堃

图的对比推敲，进一步拓展设计思路，最终通过线条、色彩、质感的刻画，表现出设计方案的立体效果，既充满了创意性，又体现了真实感。

（二）室内手绘效果图的分类

1. 按技法分类

现阶段由于手绘效果图表现工具的种类变得多样化，效果图表现技法的形式也随之发生了变化。通过表现工具材料的划分，我们可以把手绘效果图按表现手法的不同做如下分类：

主流：
① 针管笔表现技法
② 钢笔淡彩表现技法
③ 马克笔表现技法
④ 彩色铅笔表现技法
⑤ 水彩表现技法

非主流：
⑥ 水粉表现技法
⑦ 透明水色表现技法
⑧ 喷笔表现技法
⑨ 综合表现技法

作者　刘爽

其中，针管笔、钢笔淡彩、马克笔、彩色铅笔和水彩表现技法，较适合于时下流行的快题设计的表现，属于主流的表现技法。而水粉、透明水色、喷笔表现技法，由于用时过长，绘画步骤又相对复杂，因而属于非主流的表现技法。实际操作时具体采用什么样的表现技法最为适合，需要从多方面衡量确定，包括设计方案规模的大小、设计所需的时间、设计方案内容的繁简、装饰材料的色彩和质感表现要求以及设计师本人的习惯等方面。

作者　丛鹏

作者　刘爽

2. 按用途分类

室内手绘效果图按用途可分为手绘创意草图与手绘方案表现图两类。

手绘创意草图是一种随意性很强的快速表现形式，绘制的方法简单快捷，主要用在设计初级阶段，是设计师在创意思考过程中用来捕捉和记录设计灵感的最佳途径。在方案设计构思时，设计师通过绘制大量的草图，来对设计造型进行反复推敲，并可以用手绘草图进行设计思路的交流与分析。手绘草图因此成为了设计理念和设计过程的直接表述。

手绘方案表现图是指设计方案被设计方经过反复分析推敲后确定为正式方案，并将其最终形成效果表现图。此图要充分表现设计意图以及材质、照明、色彩等最终的空间效果，为今后的设计施工提供参考依据。因此，绘制时往往会投入很大的精力，需要格外的细致与精心。

作者　李鑫迪

第三节 室内手绘效果图的应用

室内设计是一项专业的工作，设计师以其丰富且专业的理论知识为依据，结合自己的思维想象，构建出具体的设计方案。从构想到方案的落实是一个重要且复杂的过程，既要有形象的反复推敲，又要有逻辑的思辨修改。从设计的初级阶段开始，设计师就要绘制大量的设计草图来进行平面、立面的对比分析，以协助设计思维的扩展与延伸。为了使创作形象更具体化，设计师往往要利用透视效果图来直观地

作者 李陶伶

表达自己的设计思想，展现自己的设计思路，并借助设计初期各阶段构思时的手绘效果图与他人进行更具象的方案沟通，对设计方案进行补充与完善。可以说，室内手绘效果图贯穿了整个室内设计的各个环节，我们通过它来对设计方案进行更加直观的、多角度的分析，进而发现并解决问题。

一幅优秀的室内手绘效果图既要有用来分析推敲方案的作用，又要有赏心悦目的艺术观赏性。具有很强艺术感染力的室内手绘效果图在直观地表现室内空间的同时，还在设计投标、设计定案中起到了重要的作用，手绘效果图直观的感染力有助于得到甲方的认可和取用。因此，手绘效果图已成为了当今社会设计交流与设计竞争不可或缺的重要手段之一。

作者 常堃

作者　丛鹏

作者　刘爽

第二章 室内手绘效果图的前期准备

第一节 常用透视基础知识

绘制室内设计效果图的首要目的，是为了将二维视图设计方案以真实立体的三维空间效果来进行直观表达。因此，为了在效果图表现中正确地绘制出空间内景物之间的前与后、远与近的关系，使方案场景更加合理地得以展现，就要考虑到人在观察事物时的视觉规律与特点。所谓视觉，是由点、线、轮廓、颜色、阴影及线与线之间的缝隙等数据所构成的。然而，这些数据会依据不同的观察角度及方式，产生视觉上的变化。人在同一视点上观察不同距离、同样大小的物体，会产生近大远小、近实远虚的视觉现象，图形学中把这种现象称为透视现象。那么，为了能准确地表达出场景中物体之间的位置关系，对透视图画法的研究就成为了学习室内设计手绘表现的首要步骤。

（一）透视的基本术语

见透视的基本术语示意图（图1）。

⊙视点EP（Eye point）——观者眼睛的位置。

⊙停点S（Standling point）——视点垂直下方放置面上的点。

⊙透视画面PP（Picture plane）——视点与被视物体之间所设的平面，将用以记录观察结果的界面（画纸面）。

⊙放置面（基面）GP（Ground plane）——被视或被画主要物体，包括观察者停点在内的水平放置面。

⊙视轴（中视线）——指垂直于透视画面的视线，标志眼睛所视中心方向。

⊙视心VC（Visual center）——指视轴（中视线）与透视画面（PP）的交点，位于视点正前方。

⊙视平线（View horizon）——通过视心（VC）所做的水平线。

⊙地平线HL（Horizon line）——远方天地交界线，它是存在于视觉上的客观现象。平视时投射在透视画面（PP）上与视平线重合。

⊙视距VD（Visual distance）——视点（EP）至透视画面（PP）的垂直距离，它等于视轴上视点（EP）至视心（VC）的距离。

⊙距点D（Distance point）——在视平线上距视心（VC）等于视距（VD）的点。

⊙转位视点E——在透视画面（PP）上，以视心（VC）为圆点，距点（D）至视心（VC）连线长度为半径，旋转画弧交于过视心（VC）的垂线上得一点，即转位视点（E）位置。转位视点（E）至视心（VC）长等于视距（VD）长。

⊙60°视锥——视野固定的所有视线，集中在视点上会形成一个锥状的视域范围。以视轴为轴心的60°视锥（视域范围）内视觉清晰（60°视域范围为人的正常视域），此范围外视觉模糊，并显示景物畸形。

⊙取景框（取景范围）——在透视画面上裁剪不超出60°视域范围的取景范围。

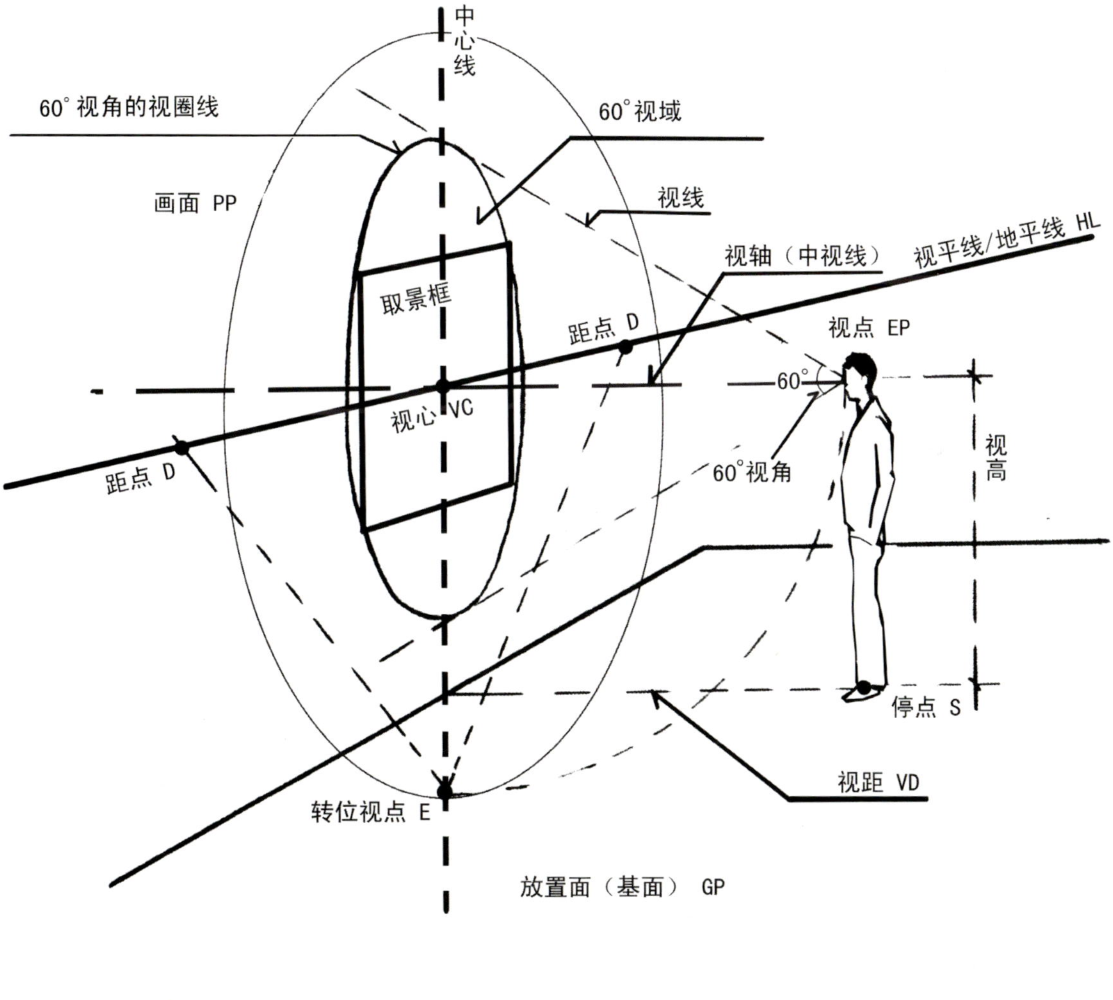
中心线
60°视角的视圈线
60°视域
画面 PP
视线
视轴（中视线）
视平线/地平线 HL
取景框
距点 D
视点 EP
60°
视心 VC
视高
距点 D
60°视角
停点 S
视距 VD
转位视点 E
放置面（基面） GP

图1

（二）透视的基本规律

效果图画面中构成景物的线会产生不同方向的变化，比如对象景物中垂直于透视画面的线在画面上会表现为往某一方向消失。这其中就包含着透视的变化规律。构成景物的点、线、面等元素在视觉中透视变化最明显的为直线。所以，理论上可以把研究直线消失与否的变化规律定为透视的基本规律。为了便于研究，我们把在透视画面中没有消失变化的直线定名为“原线”，把有消失变化的直线定名为“变线”。那么，在透视画面中景物形状及方向基本上就是由原线与变线综合确定的。因此，我们研究透视的变化法则，其实就是研究原线与变线的确定方法（图2、图3、图4）。

图2

图3

图4

1. 原线

⊙原线的概念：我们把与透视画面平行的直线称为原线。

⊙原线的特点：与透视画面平行，保持原状，不消失，无消点。

⊙原线的透视状态：

①在透视长度上，离透视画面越近的越大，越远的越小；

②在透视方向上，保持原状（平行于画面），不发生变化；

③在分段比例上，保持原状，不发生变化。分段长度有等分和不等分两种。

2. 变线

⊙变线的概念：把与透视画面有远近差别、即与透视画面不平行的直线称为变线。

⊙变线的特点：与透视画面不平行，消失，有消点。

⊙变线的透视状态：

①在透视方向上，发生变化，向其对应的消点消失；

②在分段比例上，发生变化，对象场景中实际等长的分段，在透视画面中表现为不等长，依据其与透视画面的距离不同，表现为有规律性的递增或递减（近大远小）。分段长度有等分与不等分两种。

3. 消点（V）

⊙消点的概念：透视画面上体现变线消失方向的点称为消点。

⊙消点的特点：消点只在透视画面中存在，它是画面变线的方向。消点不同，变线的方向就不同（景物的水平变线的消点在地平线上）。

4. 消线

⊙消线的概念：透视画面上体现平面发生透视变化消失方向的线，称为该平面的消线。

⊙消线的特点：消线长度是无限的，它只在透视画面中存在。在透视画面上消线位置的改变意味着平面透视变化方向的改变。不发生透视变化的平面无消线。

5. 测点（M）

⊙测点的概念：测点也叫量点，是用来求透视画面中变线分段大小的点（是绘制透视图时用来确定房屋地面、墙面进深分段的测量点）。

⊙测点的确定：在透视画面上以消点V为圆心，消点V与转位视点E的连线长为半径画弧，交于视平线上一点M，此点为测点。

⊙测点法：测定变线长度需在变线的起始点做一条测线。测线必须与变线所在面的消线平行，将测线上的分点与测点相连，截得变线长度，测线上的分段长度与变线上的分段长度在视觉透视上相等。距点法实际上是测点法，仅仅是测点在距点的位置上特殊定义而已（图5）。

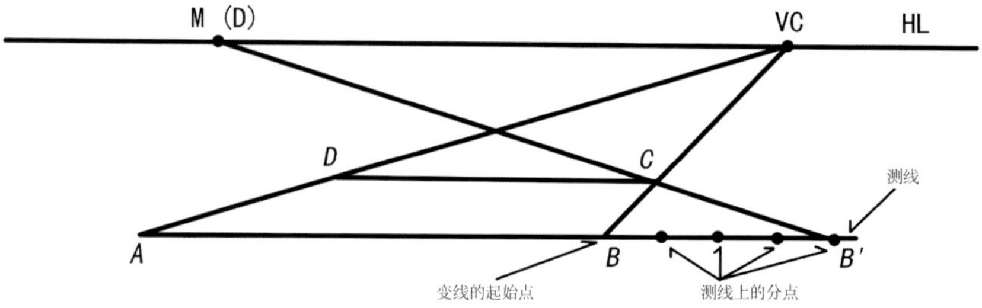

图5

（三）室内效果图表现中常用的透视形式

我们把基础透视的构成形式分为平视、非平视与极远视三种类型。平视中包括平行透视与余角（成角）透视。非平视包括上倾斜透视（仰视）与下倾斜透视（俯视）。极远视包括平面图与轴测图。在进行室内效果图绘制时通常采用的透视形式是平视。

1. 平行透视

平视的景物空间中，方形景物的一组面与透视画面构成平行关系时的透视称为平行透视，也叫做一点透视。平行透视画法简易，表现范围广，纵深感强，适合表现严肃庄重的景物空间。缺点是画面表现比较呆板，离视心较远的物体易产生变形。

⊙平行透视画面中各构成要素之间的关系（图6）：

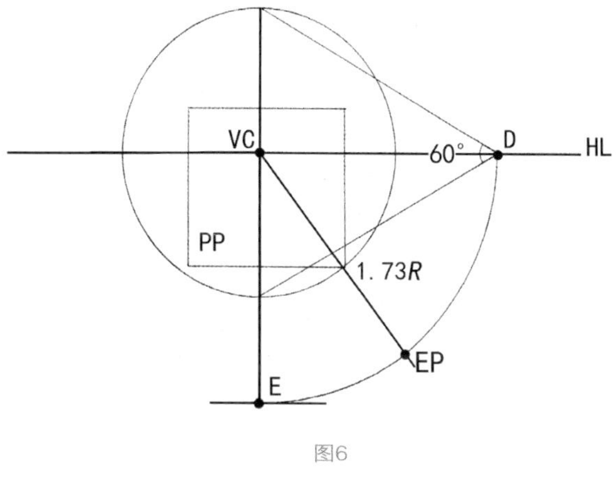

图6

①平行透视画面的构成要素包括取景框、视高、视平线（地平线）、视心、视距、转位视点；

②平视中地平线与视平线重合；

③标准视距的尺度在取景框大小已定的前提下，应该是等于视心至取景框最远角的1.73倍，这才能保证取景框在60° 视域范围内；

④将标准视距的长度以视心为固定点转到视平线上，得到距点D的位置；

⑤以视心为固定点将标准视距的长度转到视心下方，得到转位视点E；

⑥运用距点法来确定场景物体主体变线在画面中的长度。

⊙平行透视画面特征：

对象景物中与透视画面平行的面，其上所有的直线为原线，在透视画面上绘制时均不发生透视方向的改变，与视平线平行。而对象景物中与透视画面不平行的面上的水平变线，在透视画面上绘制时均发生透视变化，表现为往地平线上同一个消失点消失（图2）。

⊙平行透视绘图方法：

绘图对象：已知房间宽度5000mm，房高3000mm，房间进深4000mm，距内墙1000mm远处靠墙边放置盒子，占地面积1000mmx2000mm，盒子高1000mm（图7、图8）。

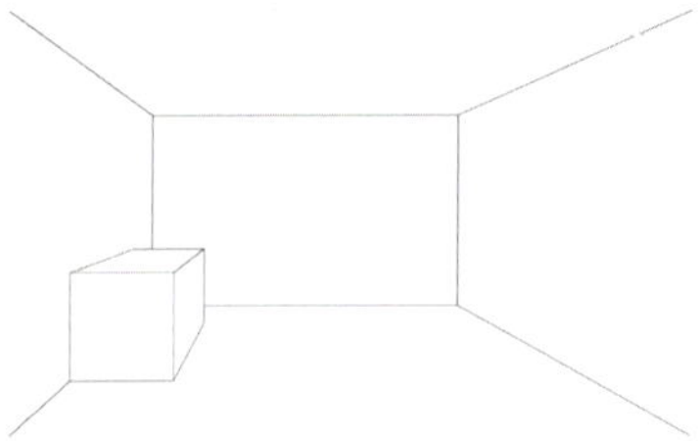

图7

⊙绘图步骤：

①依据画面构图位置要求，按实际比例确定房间外墙*ABCD′*，即*AB*=5000mm *AC*=3000mm。并将*AB*等分为五段、*AC*等分为三段，每段长度表示为实际长度的1m长（图9）。

②按实际比例定出视高1600mm。在视高处做出视平线HL（平视时地平线HL与视平线重合），在墙面*ABCD′*范围内，于视平线HL上可根据构图需要，任意确定视心VC，再由*ABCD′*各点分别向消点VC连线。按照标准视距长度的确定方法（见平行透视画面中各构成要素之间的关系），在地平线HL上及过视心VC并垂直于HL的直线上分别求出距点D与转位视点E（图9）。

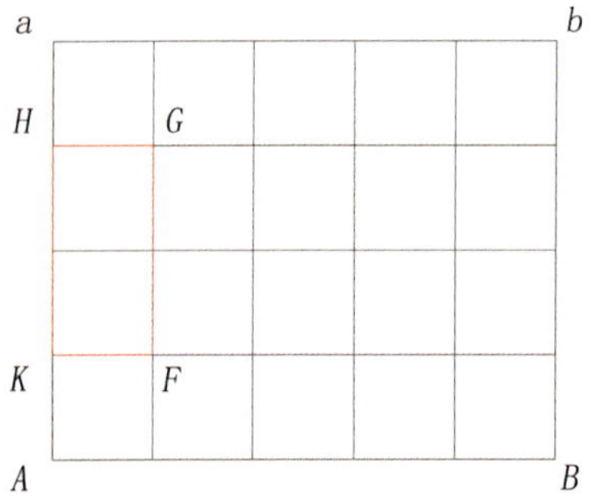

图8

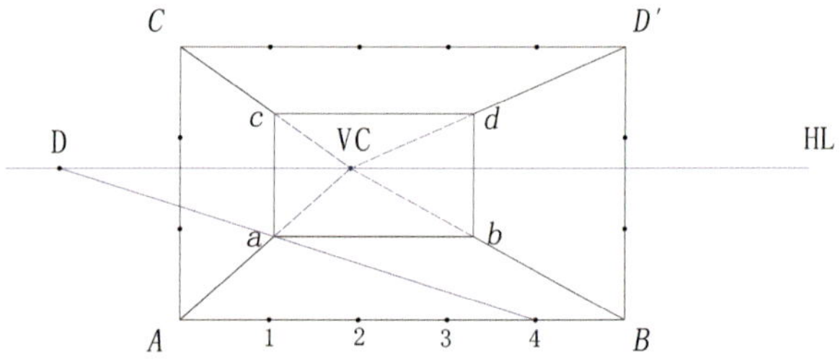

图9

③由距点D向点4连线，穿过*A*、VC连线得*a*点。此时房间进深4000mm在透视图中便已确定。再由*a*点分别做平行和垂直于视平线HL方向的直线，相交得出点*b*、*c*、*d*，连线画出内墙*abcd*（图9）。

④通过点1、2、3、4分别向VC点连线至线*ab*上与线D4相交，得出点1′、2′、3′（图10）。

⑤通过点1′、2′、3′分别做*AB*的平行线，即得出以1m为单位的地面进深分段透视状态图（图10）。

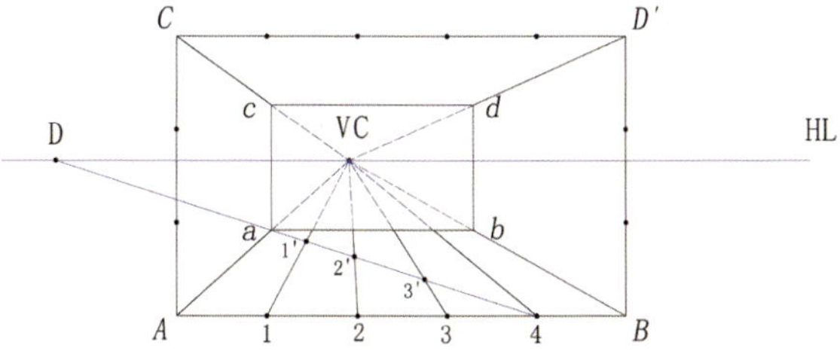

图10

⑥利用垂线与平行线从墙脚上各分割点画出墙壁与天棚的进深分段线。再通过*AC*、*CD*′、*BD*′上各点向视心VC连线（图11）。

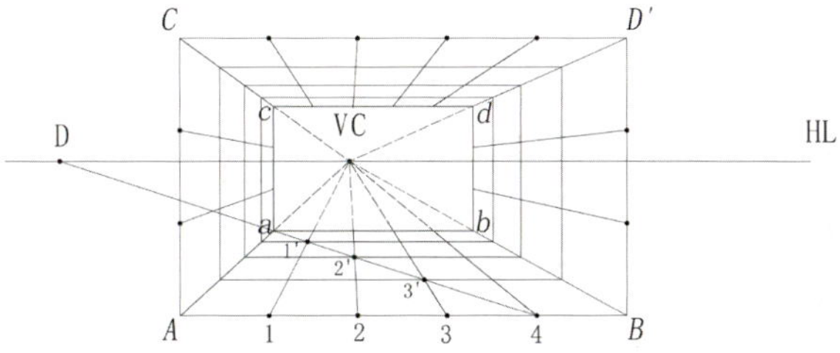

图11

⑦根据平面图（图8）所示盒子占地位置与大小，沿分段线的透视方向，在画面上定出盒子底面*KFGH*（图12）。

⑧分别由*K*、*H*两点向上引出两条垂直于*AB*的直线，并交于1m高的墙面分段线处，得出*K*′、*H*′两点。连线*K*′、*H*′（图12）。

⑨由*K*′、*H*′两点分别引出两条平行于*AB*的直线，与由*F*、*G*两点垂直向上引出的两条直线相交于*F*′、*G*′两点。这就完成了盒子在画面中的平行透视形态（由此方法可画出屋内家具摆设的平行透视形态）（图12）。

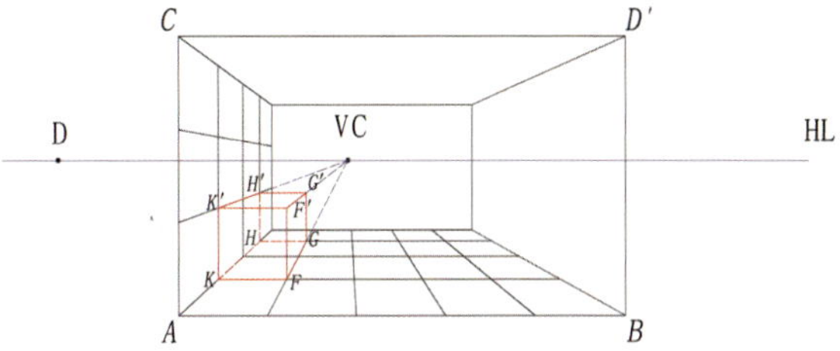

图12

2. 余角透视

平视的景物空间中，方形景物的两组立面与透视画面构成余角关系时，所形成的透视状态称为余角（成角）透视，又称两点透视。余角透视图面效果比较活泼自由，所反映的空间效果比较接近于人的真实感受。缺点是画法较为复杂，角度如果选择不好则画面物体易产生变形。

⊙余角透视画面中各构成要素之间的关系（图13）：

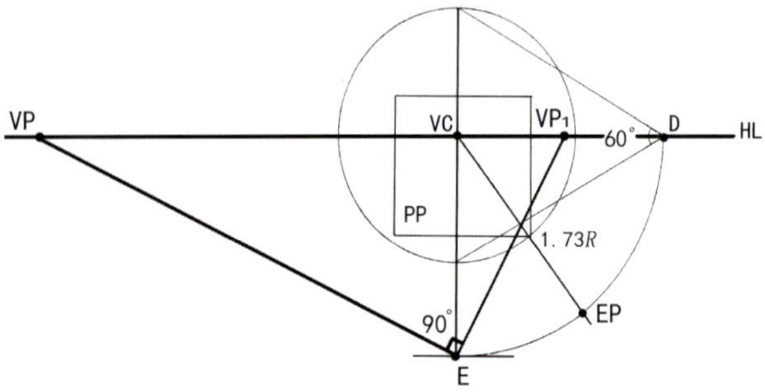

图13

①余角透视画面的构成要素包括取景框、视高、视平线（地平线）、视心、视距、消点、转位视点、测点；

②地平线与视平线重合；

③标准视距的尺度在取景框大小已定的前提下，应该是等于视心至取景框最远角的1.73倍，这才能保证取景框在60° 视域范围内；

④以视心为固定点将标准视距的长度转到视心下方，得到转位视点E；

⑤地平线上的两个消点与转位视点E的连线夹角为90° ；

⑥运用测点法来确定场景物体主体变线在画面中的长度。

由于景物与透视画面夹角值的不同变化，会产生不同的观察角度，故余角透视又分为一般状态余角透视与微动状态余角透视两种形式。

2.1一般状态余角透视

⊙一般状态余角透视的画面特征：

一般状态余角透视在画面中显示两个立面墙体，且除了表现空间主体面高度的原线之外，两组主体面上的其他线均为变线，并分别往视心左右两个方向的消点消失（图3）。

⊙一般状态余角透视的绘图方法：

⊙绘图对象：已知房间高3000mm。画面中要求房间进深显示面积为4000mmx4000mm。地面上紧靠一面墙边放置一个盒子，其距另一面墙1000mm远，盒子占地为1000mmx2000mm，高为1000mm（图14、图15）。

⊙绘图步骤：

①根据画面构图位置要求，按实际比例确定房间房高AB，即AB=3000mm 。并将原线AB等分为三段，每段表示实际长度的1m长。按实际比例定出视高1600mm，并在视高处画出视平线HL（平视时，地平线HL与视平线重合）（图16）。

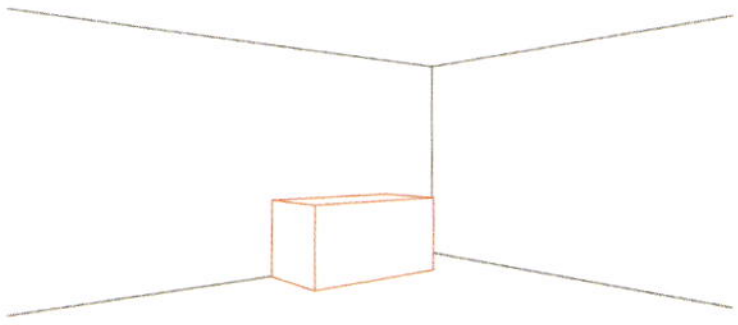

图14

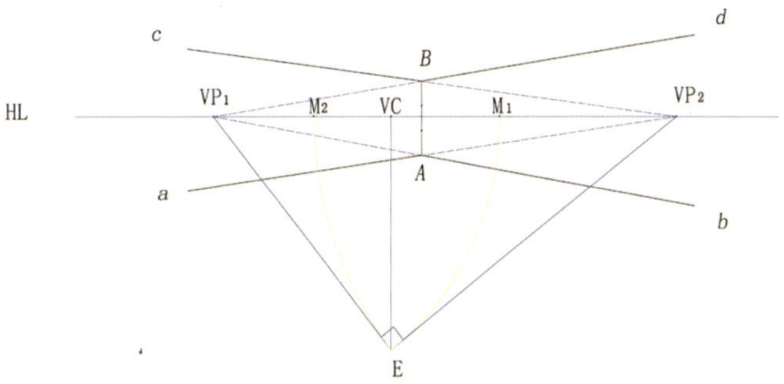

图16

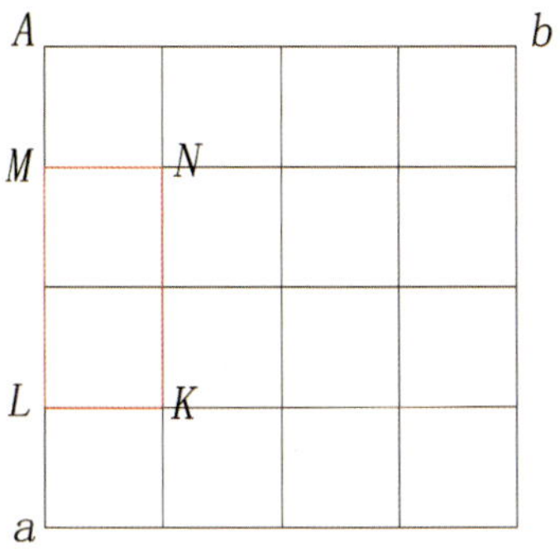

图15

②在视平线HL上确定视心VC，在VC左侧设定消失点VP_1，由VC点向下做HL的垂线，按照标准视距长度的确定方法（见余角透视画面中各构成要素之间的关系），在过视心VC并垂直于HL的直线上求出转位视点E。连线VP_1、E，由E点做垂直于VP_1E的直线交于HL上得消点VP_2（图16）。

③以VP_1为圆心、VP_1E长为半径画弧交于HL上得测点M_1。再以VP_2为圆心、VP_2E长为半径画弧交于HL上得测点M_2。由*A*、*B*两点分别做出往VP_1、VP_2消失的墙角线*Aa*、*Ab*、*Bc*、*Bd*（图16）。

④由*A*点做一条平行于HL的直线，此直线与房高*AB*一样同为原线。并在线上按*AB*的每米分段长度为标准进行分段，得出各点如图（图17）。

⑤由M_1分别往1、2、3、4各点方向做直线交于墙角线*Ab*得出地面进深分段点；由M_2分别往1′、2′、3′、4′各点方向做直线交于墙角线*Aa*得出地面进深分段点（图17）。

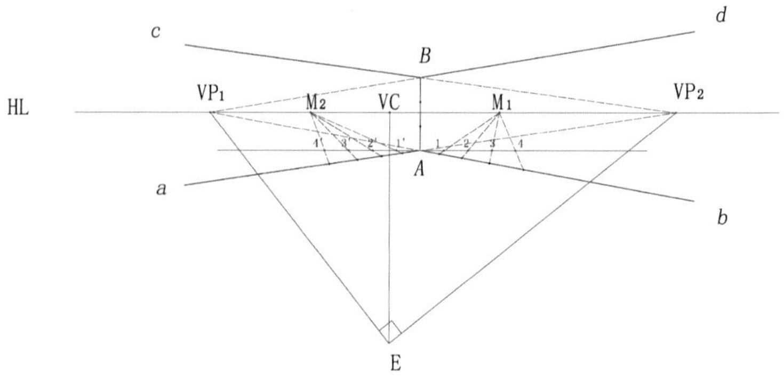

图17

⑥由VP_1分别向*Aa*上各分段点方向做直线。再由VP_2分别向*Ab*上各分段点方向做直线。此时房间地面交叉的地线所表示的面积为4000mmx400mm（图18）。

⑦利用变线往消失点消失的透视规律，由原线*AB*上的各分段点分别向VP_1、VP_2方向做出墙面分段点，再由墙角线上各进深分段点向上引出平行于*AB*的直线，完成墙面的进深分段（图18）。

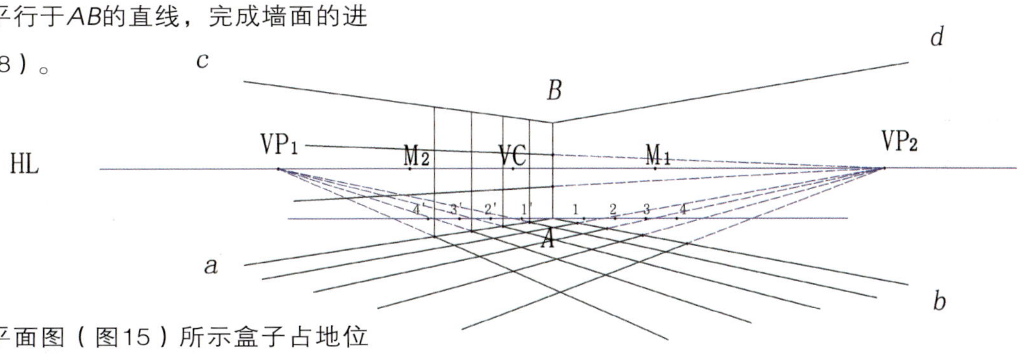

图18

⑧根据平面图（图15）所示盒子占地位置与大小，沿分段线的透视方向，在透视图上定出盒子底面*KLMN*（图19）。

⑨分别由点*L*、*M*向上做平行于*AB*的直线，交于1m高的墙面分段线处，得*L′*、*M′*两点，并连接*L′*、*M′*（图19）。

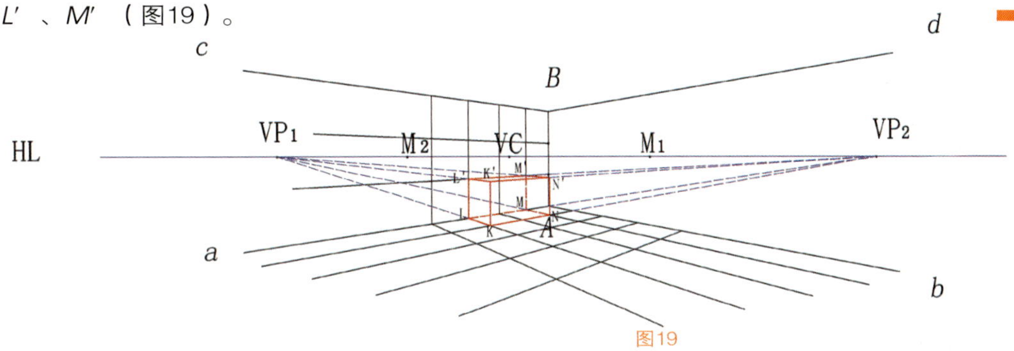

图19

⑩根据变线消失规律，由VP_1向L'、M'两点方向做两条直线，并分别与由K、N两点垂直向上引出的两条直线相交，得出K'、N'两点。完成盒子在一般状态余角透视里的透视形态（由此方法可画出屋内家具摆设的一般状态余角透视形态）（图19）。

2.2微动状态余角透视

⊙微动状态余角透视的画面特征：

微动状态余角透视在画面中显示三个立面墙体，画面效果近似平行透视，但画面中并无与透视画面平行的主体立面，除了主体高度表现为原线，无变化之外，两侧主体面上的线均往中间主体面上的消点VP_1消失。中间主体面上的线则往相对的另一个消失点VP_2上消失（图4）。

⊙微动状态余角透视的绘图方法：

⊙绘图对象：已知房高3000mm，房宽5000mm，要求画面中显示房间进深长度4000mm。地面上靠右侧墙边放置一个距中间墙面1000mm远的盒子，盒子高1000mm，占地面积为1000mmx2000mm（图20、图21）。

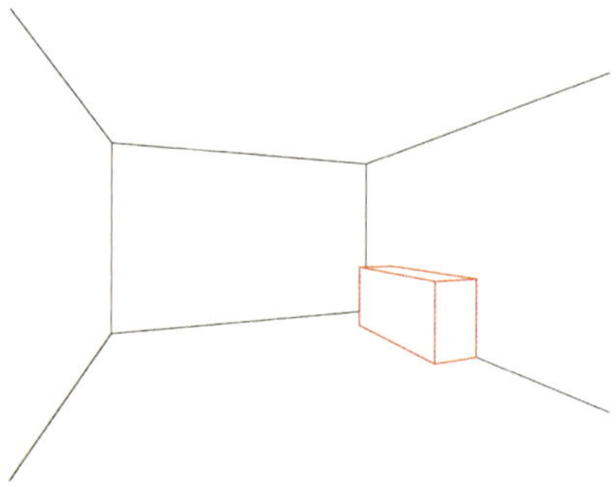

图20

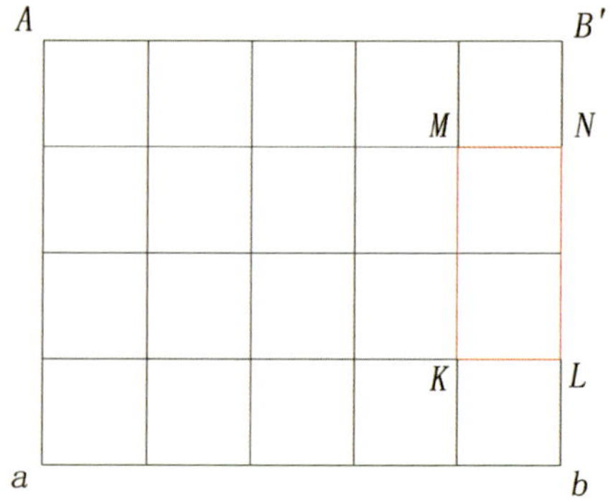

图21

⊙绘图步骤：

①根据构图按比例画出平行透视形式的内墙*ABCD*，即*AB*=5000mm *AC*=3000mm。并将*AB*线等分为五段，得点1、2、3、4，每段表示实际长度的1m长（图22）。

②按实际比例定出视高1600mm。在视高处画出视平线HL（平视时地平线HL与视平线重合）。并在中间墙面*ABCD*内于视平线HL上根据构图要求确定视心VC与消点VP_1点的位置（如果把VP_1点定在中间墙面靠左侧，则VC就应相对的定在中间墙面靠右侧位置，反之亦然）。由VP_1分别向*ABCD*各点引线做出墙角线*Aa*、*Bb*、*Cc*、*Dd*（图22）。

③由VC点向下做垂线，按照标准视距长度的确定方法（见余角透视画面中各构成要素之间的关系），在过视心VC并垂直于HL的直线上求出转位视点E。连线VP_1、E，由E点做垂直于VP_1E的直线交于HL上得消点VP_2（图22）。

④由*A*、*C*两点向VP_2引线，交直线VP_1b、VP_1d于*B′*、*D′*两点，则*AB′ CD′*为微动状态余角透视形式中的中间墙面（图22）。

⑤以消点VP_1为圆心、VP_1E长为半径画弧并与视平线HL相交得出测点M_1；以消点VP_2为圆心、VP_2E长为半径画弧并与视平线HL相交得出测点M_2（图22）。

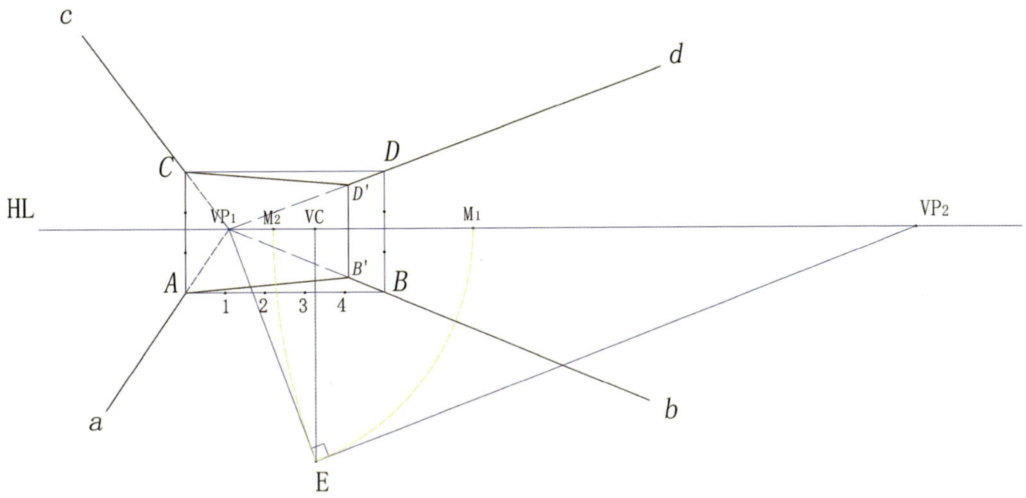

图22

⑥将$D'B'$等分为三份，则每份长度在图中表示为1m。由B'点引出平行于视平线HL的直线$B'H$，并在其上按$D'B'$的每米分段长为标准进行分段（图23）。

⑦由M_1点向$B'H$线上的前四个分段点分别连线，并延长交于墙角线$B'b$上，得出$B'b$上四点为房间地面透视形式下的四米进深分段点。由M_2向AB上1、2、3、4点连线，交AB'于1′、2′、3′、4′。此四点为AB'在透视形式下的每米分段点（图23）。

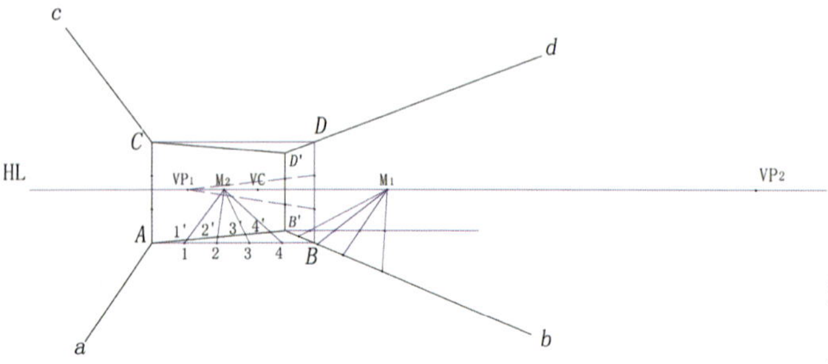

图23

⑧由VP_1向1′、2′、3′、4′连线并延长。由VP_2向$B'b$上各分段点连线并延长至墙角线AC。完成房间地面进深分割。再由墙角线Aa、$B'b$上各分段点向上做垂直于HL的直线，由VP_1分别向$B'D'$上各分段点连线并延长。完成墙面的进深分段（图24）。

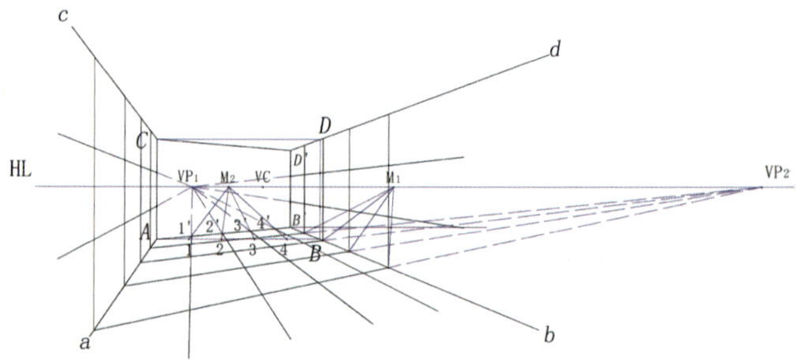

图24

⑨根据平面图（图21）所示盒子占地位置与大小，沿分段线的透视方向，在透视图上定出盒子底面$KLMN$（图25）。

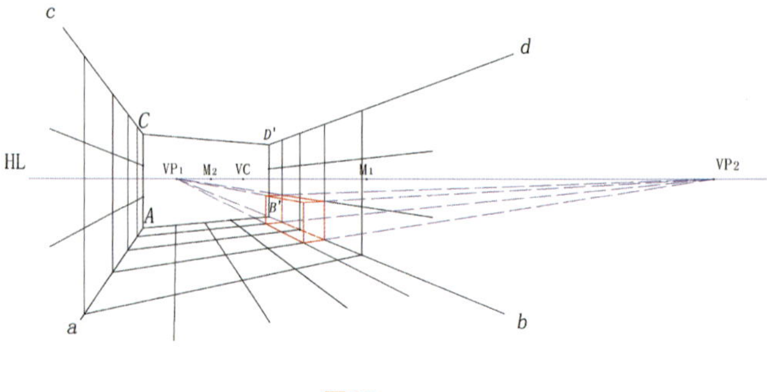

图25

⑩分别由L、N两点垂直向上画线交于墙面1m分段线处得两点L′、N′,连线L′、N′；由VP_2向L′点方向连线，交于由K点垂直向上做直线，得一点E′；由VP_2向N′点方向连线，交于由M点垂直向上所做直线，得一点M′。完成盒子的透视形态（由此做盒子的方法可画出屋内家具摆设的微动状态余角透视形态）（图25）。

图中消失点VP_1与视心VC的位置应确定在中间的墙面上，在此范围内，VP_1、VC两点具体的位置可按构图需要来设定，有经验的画者画微动状态余角透视时，一般都是凭借透视感觉与绘画经验找消失点VP_2的方向，来进行变线的绘制。

（四）室内效果图表现中常用的透视形式的应用

根据前面讲过的绘图方法，利用直尺在图面上进行准确测量分段，我们很容易绘制出标准的透视空间。然而，现如今大多数的专业人员已经把目光从传统手绘效果图的表现转移到了实用手绘效果图的表现上。也就是说，抛弃测量分段画透视而进行徒手绘制效果图已经成为了当今手绘效果图表现的主流趋势。

下面以某室内平面图为例（图26），活用上述绘图理论，用三种透视形式徒手表现出该平面图所示空间。

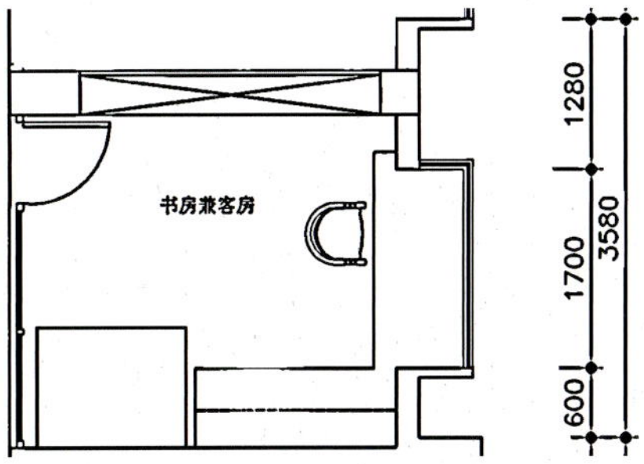

图26

1. 徒手绘制平行透视空间

根据平面图提供的尺寸，我们可以大概确定出所绘空间面积为3000mmx3500mm，房间高度为2700mm。首先由构图开始，用铅笔做辅助线，确定绘图空间范围，在绘图四周最边缘做记号，依据平行透视的绘图原理，用铅笔定出视平线与消失点作为绘图辅助，画出几个主要线条，并确定线条的消失方向，以便找到空间透视感觉。确定场景内主要家具的尺寸及位置，并做记号，以方便接下来的轮廓绘制（图27）。

用钢笔或针管笔绘制出场景内所要绘制的物体的外轮廓及其内部转折结构，并擦掉铅笔辅助线（图28）。

在家具形体轮廓基本完成后，就可以开始进行局部的细致刻画，添加装饰物品及一些装饰线条，以增添画面场景的气氛（图29）。

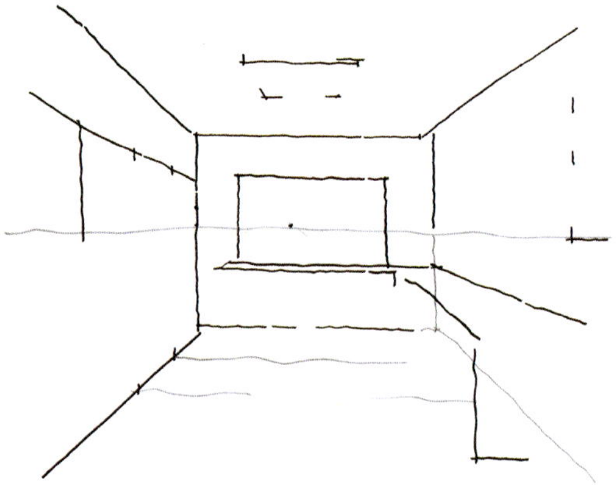

图27

图28

图29

2. 徒手绘制一般状态余角透视空间

首先还是用铅笔构图，确定绘图空间范围，并画出视平线与消失点，一般状态余角透视的消失点为视平线上左右两个点。和平行透视一样，在画面上确定主要家具的位置及线条的消失方向。地面上的透视线也可用铅笔大概定位，以便地面上的家具透视方向准确（图30）。

用钢笔或针管笔绘制家具外轮廓及可视内部转折，擦去铅笔辅助线（图31）。

细致刻画，调整整体画面，完善场景内容（图32）。

图31

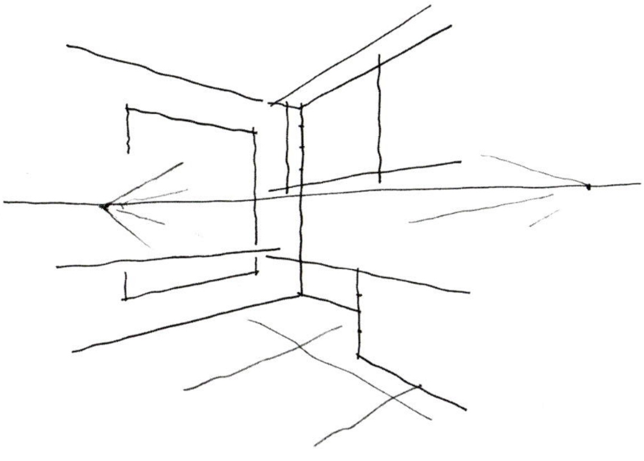

图30

图32

3. 徒手绘制微动状态余角透视空间

铅笔构图，确定绘图范围，并画出视平线与消失点，微动状态余角透视的消失点为视平线上的两个点，但在画面上可视的只有一点，另一点消失在画面以外，所以我们在绘制往另一个消点消失的消线时，就要凭借透视感觉，这需要一段时间的透视练习才可以做到（图33）。

绘制家具外轮廓及可视内部转折（图34）。

完善场景内容，使画面协调统一（图35）。

图34

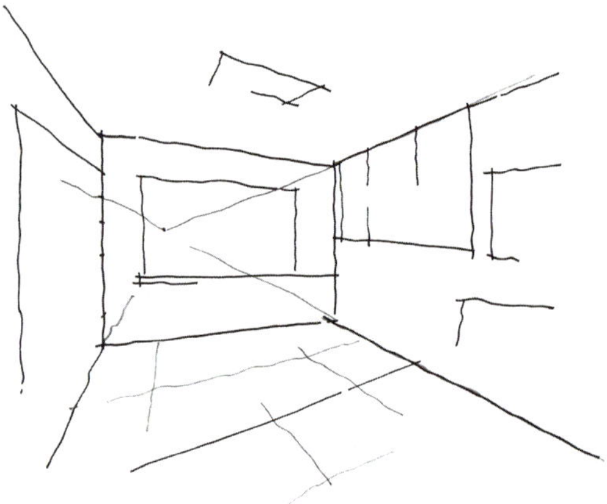

图33

图35

第二节 构图基础知识

构图是一门把自己的思想情感传递给别人的艺术。“构图”一词是英语“COMPOSITION”的译音，为造型艺术的术语。它的含义是把各部分组成、结合、配置并加以整理出一个艺术性较高的画面。因此，我们可以通过构图，使作品比现实生活更强烈、更完善，以增强画面的艺术效果。

在绘制室内效果图时，我们通常会以突显设计特色、突出场景气氛及空间效果为目的，依据设计方案内容，先对画面场景的内容进行一个合理的布局安排。因此，构图可以说是能使我们最理想地诠释设计方案的重要途径之一，是进行室内效果图绘制时必要且首要的步骤。

（一）绘制室内效果图时的几项构图原则

1. 构思与构图的关系

当设计方案的画面表现主题确立后，此时艺术构思是形象思想最活跃的阶段，在这个阶段里虽有形象，却未到实践，还有若干细节可能尚有疏漏；而要完成效果图画面，就必须具体地把在构思中的画面描绘出来。如何表现，怎样取舍，是个技巧问题，而技巧正是整个构思的组成部分。作者在画面上分析物体结合时的各种变化，对比取舍，不断寻求一种最理想的表达方法，这就是构图。作品的构思正是从构图上体现出来的，因此，可以说没有构思也就没有构图。

作者：丛鹏

选择性的着色，突出了画面的视觉中心

2. 强调视觉中心

效果图绘制时，我们应着重突出作品当中的主体及重点对象的表达，也就是要使主体景物在画面中形成一个视觉中心区。效果图中要有且只能有一个视觉中心，我们对主体景物进行强调刻画，以渲染突出画面的视觉中心点。周围陪体景物都要围绕这个主体中心进行线条或色彩等方面的变化，而且一切变化均是为了更加突出主体物，加强画面视觉中心效果。所谓“全重点则无重点”，切忌画面平均主义，避免产生平铺直叙的效果，要使画面有主有次、有一定的节奏感与韵律美。在绘制效果图时，我们可以运用一些艺术处理手法与构图形式来重点突出所要表现的主体部分，用以强调视觉中心，将观者的注意力引向画面主体物，使画面产生凝聚力。

作者：葛歆

夸张的透视，强调了视觉中心

3. 画面整体均衡

现实生活中，一切稳定的物体都有均衡的形式，均衡是人们在日常生活中对事物的形式长期感觉后所产生的一种心理要求，这种心理要求在人们的审美过程中起到了一定作用。一幅画面在一般情况下应该是均衡、安定的，使人感到平稳、和谐、完整。特别是当需要强调一种古朴、庄重的气氛时，甚至会有意地采取四平八稳的均衡对称式。在一些强调幽雅恬静或休闲活泼的画面中，也应在变化中寻求均衡，画面上可以有疏密、虚实的变化，但整体要求是均衡的。

作者：刘爽

秩序感强烈的线条使画面整体协调

作者：刘爽

四平八稳的一点透视构图有着强烈的对称均衡感

4. 环境烘托主体

⊙前景的运用：

作为环境组成部分的对象并处在主体前面的，我们称其为“前景”。它们在画面中成像较大，且大都处于画面的四周边缘，可以用来加强画面的空间感和透视感。

①前景给予观者一种主观地位感。如绘制室内布局效果图时，用门、窗等具有鲜明特征的景物做前景，给观者一种心理上的暗示，无形中就会缩短观者与画面之间的距离，产生一种身临其境的亲切感，同时对增加画面的艺术感染力起到了积极的促进作用。

②前景有均衡画面的作用。有时我们在画面上会发现一些空缺或者不均衡，比如居室场景中，一侧家具过多，另一侧则显得较空，此时可在空的一方前景位置上增加一些植物，以起到稳定均衡画面的作用。

总之，合理地运用前景可以丰富画面内容，增加画面的层次感和趣味性。但前景不可滥用，可有可无时，宁可不用，画面应尽量简洁明快，才更能体现设计感；另外，前景要与主体紧密联系和呼应，结合成一个整体，与画面主题相协调，不可突兀。

作者：丛鹏

左下角的电视作为画面中的前景突出了画面的视觉中心，增加了空间感

⊙背景的运用：

作为环境组成部分的对象并处在主体后面的，我们称其为“背景”。它们是用来衬托主体景物的。在背景的处理上应力求简洁。在纯艺术性的绘画创作过程中，我们常常通过增加装饰元素来丰富整个画面，但表现设计方案的效果图应尽可能地减去那些不必要的东西。我们应将背景中可有可无的、妨碍突出主体表现的东西减去，使画面简洁精炼。

作者：李鑫迪

对背景巧妙概括突出了主体景物

5. 画面比例协调

效果图绘制时，应注意场景空间内各物体之间的大小比例关系，要从实际出发，绘制出透视形式下相对真实的比例空间。此外，比例协调亦指在线条、色彩的对比运用中，对比面积大小上的比例协调。避免画面中产生对比双方以相等的面积大小同时出现的情况，否则，会造成画面效果散乱而不集中。

作者　常堃

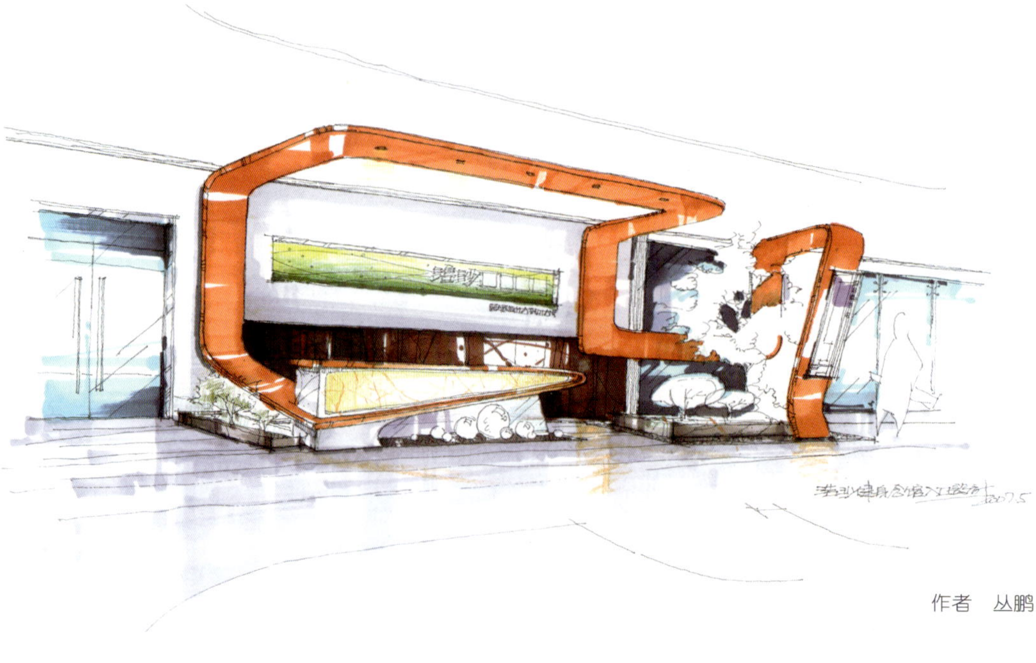

作者　丛鹏

6. 大调和与中小对比

所谓“调和”，即是“统一”。它是效果图构图时的重要原则之一，也是整个绘图过程中应始终注意的问题。世间万物，有秩序的事物不一定都是美的，但是美的事物一定是含有某种秩序的。因此，我们应该合理地组织画面中各种点、线、面之间的呼应关系，做到整体中有韵律。注意场景内部各种部件保持相互联系与呼应，适当处理每个构件间的疏密关系，把画面中所涉及的构图要素运用艺术的手法创造出协调统一的秩序美，使画面整体拥有统一的气氛格调，以达到形式统一、色彩统一、氛围统一。

然而，统一并不是单调，我们在强调统一的同时，切忌把作品极端化。在绘画时，应合理地运用某种对比方法，可通过疏密关系、虚实变化、明暗差异、运笔方向及色彩对比等方式，引起观者的注意。然而，产生对比的部分面积大小不可相等，否则画面会被一分为二，不集中且无主题。应始终保持主次分明，充分体现“大调和与中小对比”。画面表现应该既不单调也不杂乱，既有规律的起伏又有整体的协调。

作者　韩旭

7. 画面留取空白

效果图画面上除了看得见的实体对象之外，还应有一些空白的部分。空白是画面上必要的组成部分，它不是孤立的存在，而是实体的延伸。所谓“空处不空”，空白处与实处的相互映衬，才使得观者对画面产生了情调联想及趣味感受。它的作用如同文章中的标点符号，能使画面章法清楚，段落分明，使主体表现更加鲜明，画面的效果简洁明快，加强了画面的空间感。空白部分也可以说是效果图中可以呼吸的部分，它使画面气脉通畅，并且帮助作者表达感情色彩，避免了因画面构图拥挤而形成的无主题、无空间。

所谓“空白”是指对象场景中实际存在的物体或物体的部分结构在画面中却省略其线条而不去表现的部分，或者着色画面中未

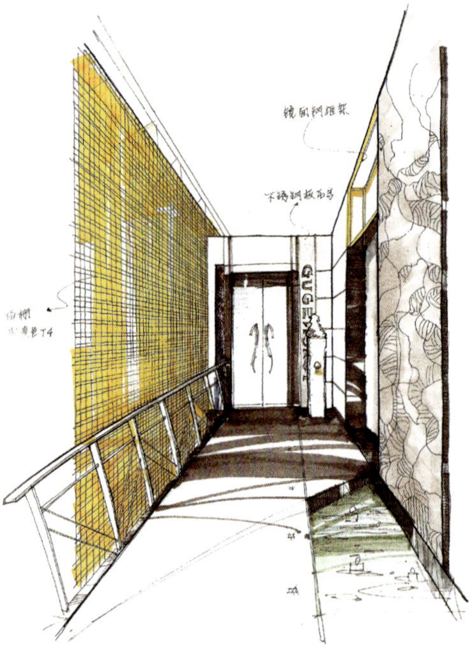

作者　刘爽

在所要表现的材质上进行刻画，其他部位采用留白手法，更加突出了所要表达的部分

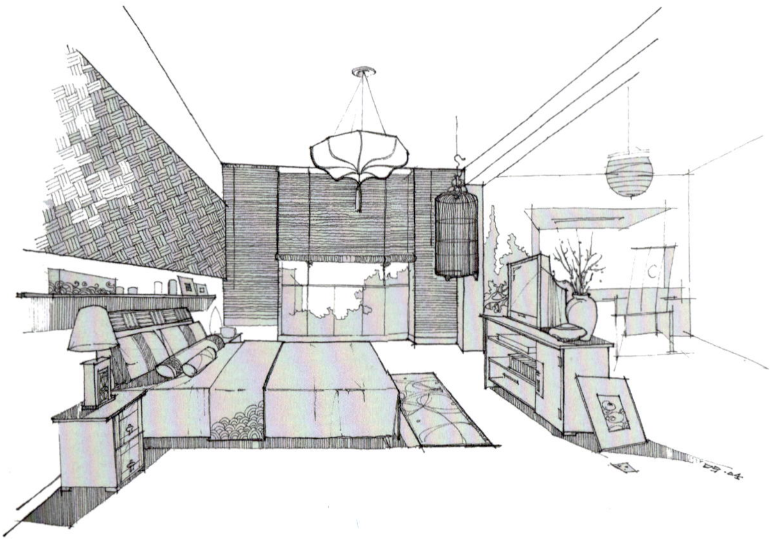

作者　刘爽

特殊的留白处理手法，使画面拥有了一种趣味性

上色的部分（包括为了表现强烈的明暗关系和结构关系，场景物体中受光面不着色）。效果图画面中的实物与空白所占面积的大小，还要合乎一定的比例关系。二者面积不可相等，形式也应避免对称。如果画面上空白面积大于实体对象面积，画面会显得明朗快捷；如果实体对象面积大于空白面积，画面则重在写实，表达会相对丰富完整；如果两者在画面上的总面积相等，给人的感觉则略显呆板。

空白的取舍及空白处与实处的比例变化，是体现画面构图创造性的重要手段之一。

（二）室内效果图表现中几种常见的构图形式

⊙横向构图形式：

横向构图形式会使画面场景空间显得开阔舒展，表现出一种安稳的舒适感。它的应用较为普遍，适宜大多数景物空间的表现，绘画时也较易把握。

作者 刘爽

横向构图有一种开阔稳定感，恰如其分地体现了所要表现的空间氛围

⊙竖向构图形式：

竖向构图形式会使画面场景空间有种挺拔贯穿之势，适宜表现竖向空间尺度较高的室内场景，画面效果也呈现出较强的纵深感。

作者 刘爽

竖向构图体现了场景挺拔恢宏、富丽堂皇的氛围

⊙框架构图形式：

框架构图形式是用场景中某环境物体构成边框，而画面中主体空间则位于边框之内。框架构图可使画面主体更突出，空间感更强烈，同时还增加了画面的趣味性。

作者 刘日端

简单的几条门框线给画面场景增添了生活气息与趣味性

⊙黄金分割点构图形式：

画面中处于黄金分割点位置的场景物体，会吸引人的视线，构图时，把要突出表现的主体景物部分放置在黄金分割点位置，在使画面保持平衡的同时，突出主体，营造出画面的视觉中心。

作者　吕博

将欲重点表现的家具放在画面中黄金分割点位置，就很容易强调出画面的视觉中心

第三节 色彩基础知识

在室内效果图的绘制中，我们可以通过线条的组织运用来完成场景内景物的形体结构，同时运用线条的虚实、疏密等变化来渲染场景的气氛，表现出场景画面的空间感。而室内设计方案中景物的色泽质感、色彩搭配，室内空间的色调以及在色调的影响下所产生的环境氛围等，均要通过色彩的运用在画面中进行直观的表达，可以说色彩在室内效果图表现技法中占有十分重要的位置。色彩本身会有各式各样的情感表达，影响着人的心理感受。因此，想要熟练掌握色彩的特性，对空间场景运用合理的色彩搭配并准确地表达出设计方案的色彩环境氛围，就需要我们不断地学习知识、感受色彩，并在实践中长期累积经验。

（一）色彩的情感

我们常说的色彩可以吸引观者注意、烘托室内气氛、营造室内情调等一系列作用，都是由于色彩本身的情感表达与宣泄而产生的效果。比如白色表达纯洁、明朗，黑色体现严肃、沉稳，红色展现活力四射、热情奔放，蓝色则表现的宁静、广阔等等，这些都是色彩本身展现出的情感，使观者产生一系列与色彩相呼应的心理感受。我们可以运用这些色彩本身的象征性情感来控制效果图画面的色彩，有目的地强化色彩倾向，以形成画面色调，进而准确地表达出设计方案所要体现的场景氛围。

此外，人们对色彩的感受是靠视觉活动获得的，那么在生理现象的作用下不同波长的色彩就会对人的心理产生不同的影响。比如波长较长的暖色调具有扩张感与前置感，我们可以利用这一点来使室内的面积在视觉上产生增大的效果；而波长较短的冷色具有收缩性和后置感；中等波长的色彩则具有稳定性与中间感，作者可以利用这点来调节画面景物中主体与陪衬体之间的关系，塑造画面的主次感与空间感。

因此，通过利用色彩作用于人的心理感受，我们可以使观者对画面色彩产生某种联想，引起情感上的变化，进而营造出不同的室内气氛与情调。

（二）色彩的对比与调和

绘制室内效果图时，通过运用色彩的对比，来吸引观者注意力、突出画面主体物是一种常用的表现手法，也是用来强化视觉中心最行之有效的方法之一。我们可在画面视觉中心重点部位强化其色彩对比，运用补色以增强画面物体的视觉冲击力，也可在其转折部位或与地面接触的部分进行明暗对比的处理，受光面与背光面之间强烈的明暗对比关系，突出了画面主体物的中心感与分量感。另外，偏暖和较纯的色彩在画面中有种前置感，而偏冷和较灰的色彩在画面中有种滞后感。因此，我们可以通过控制色彩的冷暖

作者 丛鹏

控制住对比的分量，对画面进行整体的调和

对比与纯度对比来处理画面近景与远景之间的关系，以加强画面的空间感。

然而，过犹不及这个道理我们往往不能忽视，只一味地强调对比，而忽略了画面的整体效果，只会使画面杂乱无章、缺乏秩序美与层次感。因此，我们在绘制室内效果图时，要控制住对比的分量，对画面进行整体的调和。色彩的色相、冷暖、纯度、明度等对比变化要时刻以画面的主色调为依据，控制好对比色块的面积大小和比例分配，尽量用较少的色相去说明较多的问题，使画面看起来简洁明快，表达出场景空间的整体感与协调性。

（三）色彩的对话

在效果图着色中，我们常常会运用色相上的对比来突出表现画面景物的形象。比如说在一个蓝灰色调的室内空间画面中，配以一套紫红色的沙发，那么此时我们就要考虑这套沙发的色彩在整幅画面中是否显得过于孤立，有没有其他同种色块与之相呼应，我们可以在墙壁上绘制出紫红色的画框，来与沙发颜色相配套，这就是色彩之间的对话。一幅效果图中应尽量避免出现一种色块孤立存在的现象，这会破坏效果图的整体感与协调性，整幅画面中的色彩要做到相互联系、相互衬托、相辅相成，这才能使画面表达完整。

作者 李鑫迪 点缀画面的红色在空间中对话，既活跃了画面，又不破坏整体感

第四节 线条的训练与组合

（一）手绘效果图中的线

线在手绘效果图表现中占有极其重要的位置。效果图的最初就是由线形成的，面的表现，形体的建立，均是由线来构建完成的。线在整个图中起着支撑的作用，可以说是效果图的筋骨。线本身的千变万化在画面中具有丰富的表现力，一幅效果图是可以用线及线的组合来单独完成的，这是手绘效果图中一种黑白表现的风格形式，而线则作为效果图画面中的灵魂存在，承担着体现画面空间神韵的功能。

⊙线的表现力：

对于会用笔写字的人来说，画一根线似乎是很简单的事情，但在手绘效果图的表现中并不是随随便便的线就可以组合出富有生命力的画面空间。在表现出画面物体的尺度、空间等关系的同时，想要使组成画面的线条本身具有魅力，需要长期的练习、体会。有的画面线条看起来呆板、生硬、漂浮，有的画面线条则表现的灵动、潇洒、稳定有力，充满了韧性与张力。

线条之所以会给人在视觉感受上有“呆板”与“生动”的本质区别，是因为绘画线条是有一定要领的。与书法相同，我们运笔时应该有一种用笔的动作意识作为指导，在画线时应该把握住起笔、运笔、收笔这三个环节，笔要稳落于纸面，放松均匀地运笔，收尾处切忌不顾后果地甩出一笔，而是要有收笔或顿笔的意识，这样的线条就会具有一定的韧性与稳定感了。

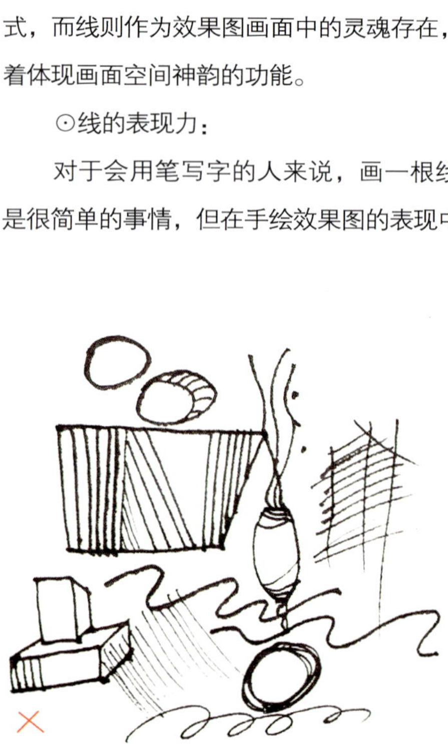

无节奏感的线条，给人生硬呆板之感

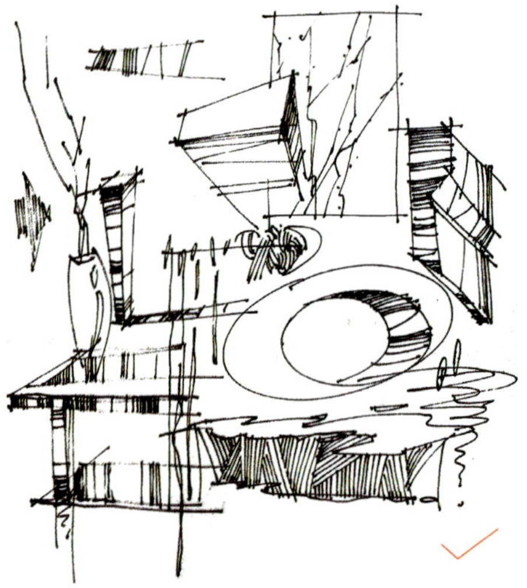

注意起笔、运笔、收笔的三个环节，把握住线条的张力与韧性

在做线条的训练时，要注意用笔的速度、力度、方向及平衡等方面，要做到看准、想准、落笔准的“三准”原则，不要出现因为观察和思考不到位而导致的用线不肯定，出现蓄笔、荡笔、甩笔等错误的画面现象。当然，这种不肯定也是由于练习较少，用线不够熟练所导致的。

（二）造型中点、线、面的组合表现

效果图中的线要表现出对象物体的物理特征，根据对象材质的不同，要有意识地区别表现出光滑、粗糙、坚硬、柔软等画面效果。比如，坚硬的特征要求运笔快速挺直，柔软的物体用笔注意圆滑流畅等等。光靠一根线也很难表现出丰富的材质特点，所以，线条的组合运用是区别对象材质特点的关键。由于线本身就是一种随意性很强的元素，所以由线组成的面的表现形式更加丰富多样，面所构成的对象造型样式也更多样化。可以把构成画面形体的元素分为点、线、面三种。

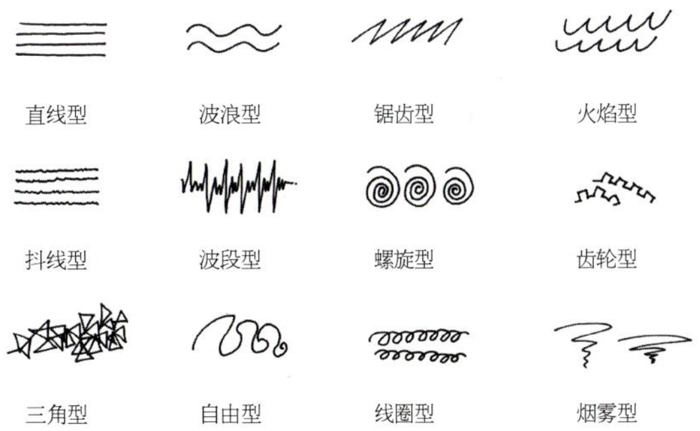

线的组合形式

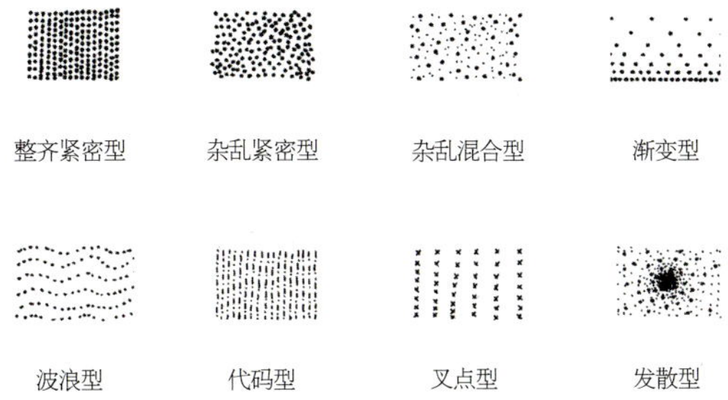

点的组合形式

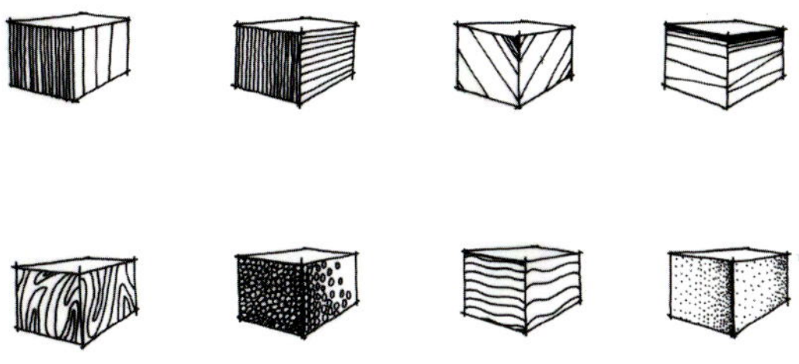

面的组合形式

第五节 纸张的选择

⊙绘图纸及其特点：

绘图纸是绘制手绘效果图经常选择的纸张类型。它的特点是厚度适中，纹理较平整，吸水性适中，色彩还原较好，适合各种类型的画笔进行描绘。

⊙复印纸及其特点：

复印纸是绘制手绘效果图、特别是草图阶段常用的纸张类型，它的特点是纸张轻薄，有一定的透明度，纹理平整，购买较方便。但复印纸吸水性较差，易起皱，不适合大面积以及反复堆叠颜色，色彩还原也有偏差。

⊙水彩纸及其特点：

水彩纸在手绘效果图的绘制中普遍使用。它的特点是纸质较厚，有均匀的纹理，吸水性强，色彩还原好，不易起皱，可大面积进行颜色铺设，可充分表现色彩和层次。在实际使用中我们往往也利用水彩纸的纹理特点来描绘出许多特殊的质感效果。

⊙水粉纸及其特点：

水粉纸的特点是纸质偏厚，有非常均匀的网状纹理，吸水性较强，色彩还原适中，但作为水彩和马克笔的用纸时容易出现颗粒较大的现象。我们也经常选用水粉纸进行某些特殊效果的表现。

⊙特殊纹理纸张：

除了以上四种手绘效果图常用纸张以外，为了达到某些特殊的艺术效果，我们也常常采用许多色彩各异、纹理独特的特殊纸张来作为效果图绘制用纸。

第六节 绘画工具介绍

⊙基础笔类：

①铅笔

对于草图的绘制，铅笔是最常用的工具，较适合设计方对设计方案进行反复推敲的绘制过程，草图画面比较随意。铅笔选用应以软性为宜（常用的型号为2H、H、HB、B、2B）。在进行方案表现图绘制时，很多作者起稿时往往选用自动铅笔，这样可以尽量保持画面干净整洁，不会对后期上色产生影响。

②钢笔

钢笔的黑白表现图是效果草图表现中最基础、应用最广泛的类型，我们称之为钢笔速写，它是从事设计行业的人员所应具备的基本专业技能。钢笔速写的练习可以培养设计师的形象思维与形象记忆，使之能手眼同步地快速构建设计对象。

钢笔应选择笔尖光滑并具有一定弹性的，且其正反两面最好均能画出流畅的线条。要想使画面有粗细线条之分，还可选择美工笔之类，这类笔可以随着我们用笔的方向、轻重的不同产生不同粗细的线条，使画面自然生动。另外，还要注意钢笔的保养，墨水易沉淀，很容易堵住笔尖，导致运笔不顺畅，钢笔最好要经常清洗，以保证笔尖出水的流畅。

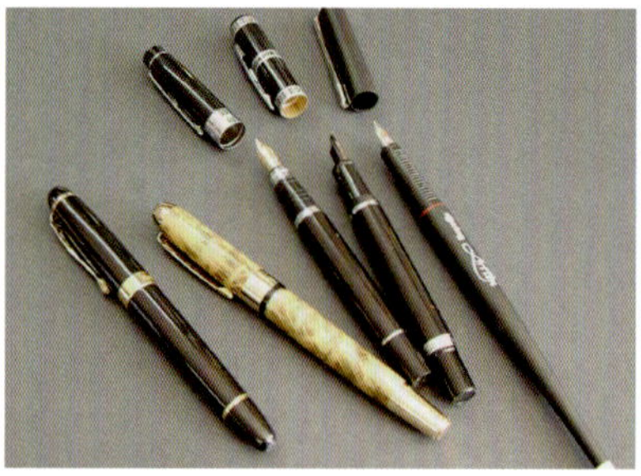

③针管笔

针管笔有注水笔与一次性笔两种。注水笔的笔尖细软，绘画时要立起笔杆使笔杆与画面垂直使用，且笔尖容易被纸面纤维堵住，适合绘制施工图，不太适宜用来绘制手绘效果图。一次性笔也可以叫勾线笔，笔头没有空隙，不会出现堵塞笔尖的现象。根据笔头的粗细不同，分为多种型号，绘画时可以选择不同型号的笔来使画面生动，增加画面层次感。

⊙着色笔类：

①马克笔

马克笔有单头和双头之分，笔头形状固定且较粗，适宜快速表现效果，是当前效果图表现中最主要的着色工具之一。马克笔分为水性马克笔和油性马克笔，水性马克笔颜色亮丽、有透明感，但笔触多次叠加后颜色会变灰，且容易伤纸。油性马克笔快干、耐水、耐光性好，且颜色多次叠加后不会伤纸，画面表现效果柔和。

水性马克笔

油性马克笔

②彩色铅笔

彩色铅笔是一种非常容易掌握的着色工具，笔的外形及使用效果均类似于铅笔，画面效果较淡，清新简单，且大多便于橡皮擦去。彩色铅笔的颜色较多，一般一盒有6色、12色、24色、36色、72色之分。彩色铅笔分为两种，一种是可溶性彩色铅笔（可溶于水），另一种为不溶性彩色铅笔（不能溶于水）。可溶性彩色铅笔可以结合水使用，画面效果类似水彩的渲染。不溶性彩色铅笔使用简单方便，适宜效果图的快速表现，绘画时一般选择含蜡较少、质地细腻、笔触表现松软的彩色铅笔为佳。

③毛笔

这里把水彩毛笔、水粉笔与中国传统的毛笔放在一起介绍。我们在画效果图时常用的是水彩毛笔与尼龙头有机玻璃杆的水粉笔，传统的毛笔与水彩毛笔适合绘制水彩效果的效果图。水彩毛笔笔头较软，一般可以用来绘制画面上需要大面积着色和表现柔和笔触的部分。绘画时注意不要使用那种用手捏一下笔头毛就会脱落的毛笔。尼龙头水粉笔笔头较硬且薄，吸水和附着颜料能力都比较弱，运用水彩或透明水色，配合槽尺绘画，可以绘制出较为平整的笔触。注意选择笔头较齐、韧性较强、且下笔和收笔时不会在纸面上留下过多水痕的尼龙头毛笔为佳。

⊙颜料：

①水彩

水彩颜料透明度高，色彩重叠时，下面的颜色会透过来。即使长期保存也不易变色。

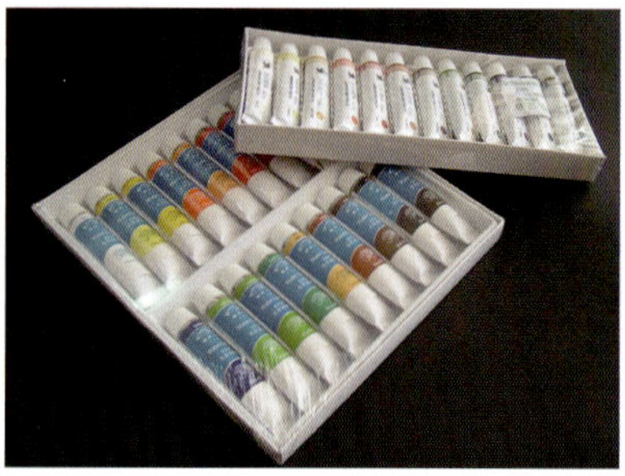

②水粉

水粉又称广告色，是一种不透明的水彩颜料，可用于较厚的着色，大面积上色时也不会出现不均匀的现象。

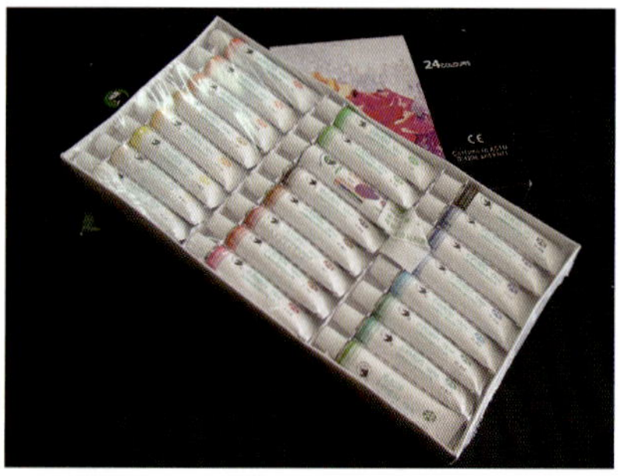

③透明水色

透明水色也是手绘效果图常用的材料之一，颗粒相对水彩更加细腻。透明水色可以画出水彩的效果，并且比水彩的颜色更加鲜亮，透明度高，颜色不易发灰，快干。但透明水色上色后不易修改，可用于硬质材料及反光材料的绘图表现。色彩艳丽是透明水色的优势，但不足的地方是用透明水色画的画不宜保存，画面经过一段时间（尤其被光照后）颜色会有明显的变化。

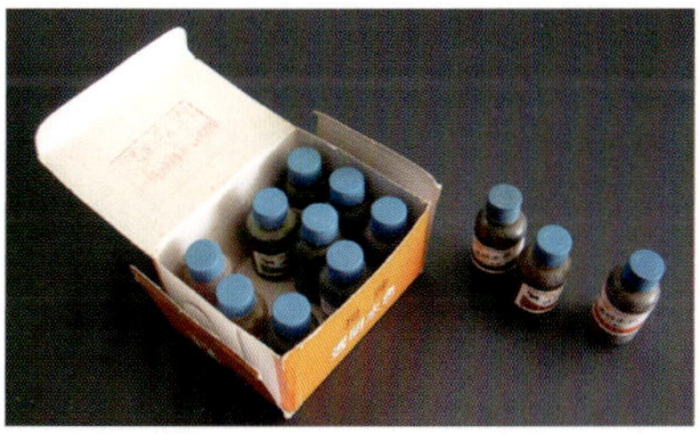

⊙其他：

①尺

作为绘图辅助工具，尺的种类较多，大概可以分为直尺、三角板、槽尺、模板、曲线板几种，其中槽尺是用来配合毛笔绘画使用的。

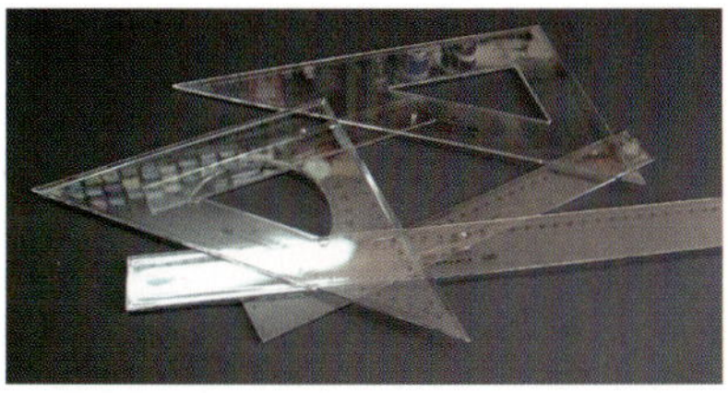

直尺、三角板、槽尺

模板

曲线板

②高光笔

画面中用来提高光部分的工具。

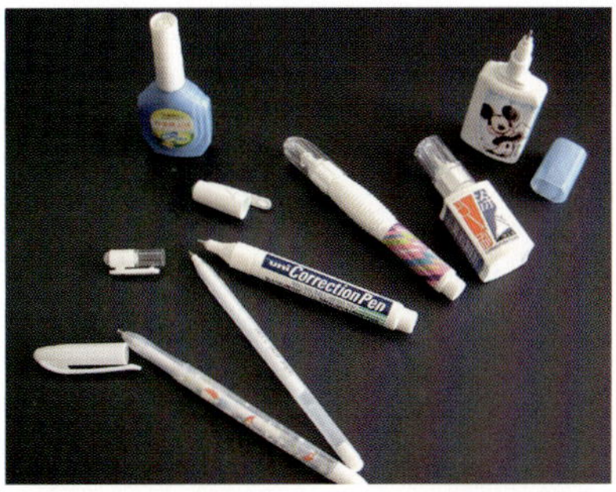

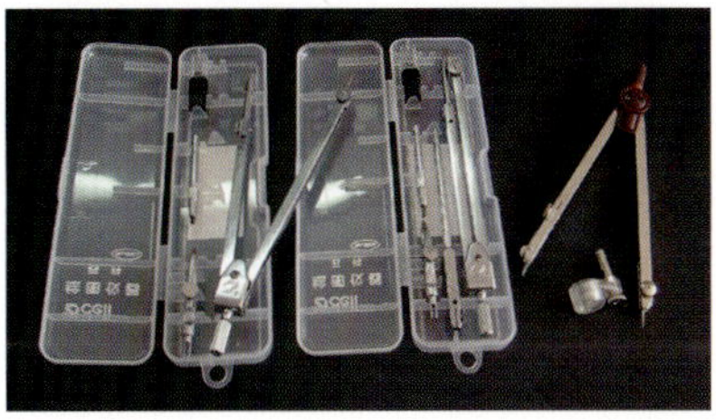

圆规

第三章 室内手绘效果图的表现技法

第一节 常用质感的表现方法

⊙石材表现：

室内效果图中我们经常表现的石材有大理石、花岗岩等，它们的表面有着不同的纹理质感，表现时要注意光洁石材的反光、倒影以及石材之间的拼缝，刻画时应尤其注意笔触方向的把握，在表现纹理变化方向和透视效果的同时注意秩序感，避免因为随意的排线方向使画面杂乱无章，影响了整体画面的美感。

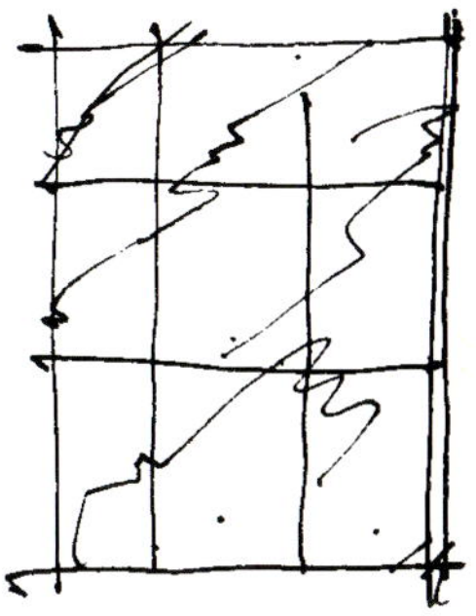

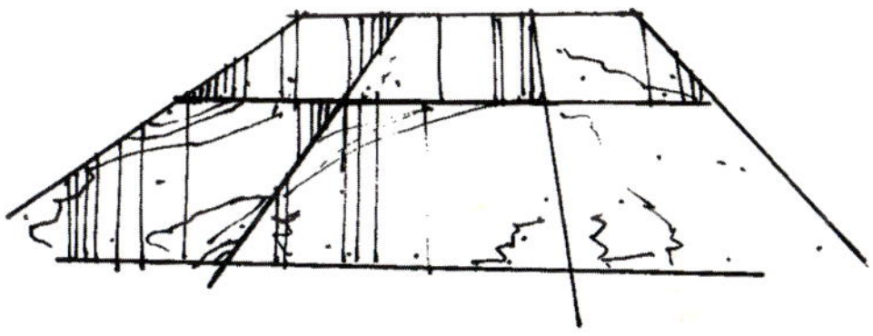

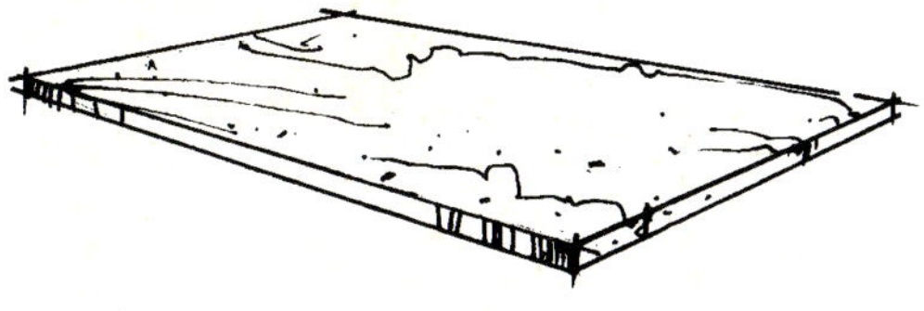

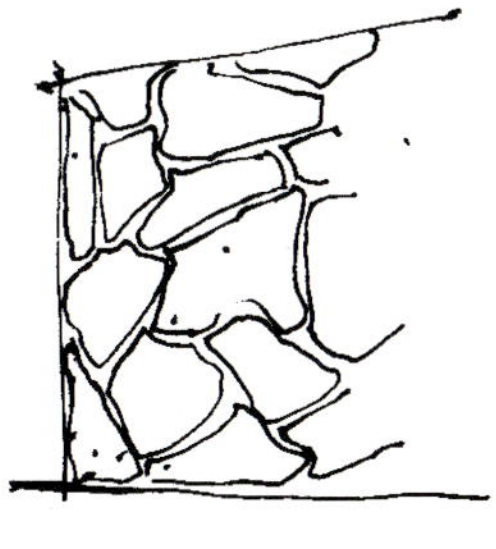

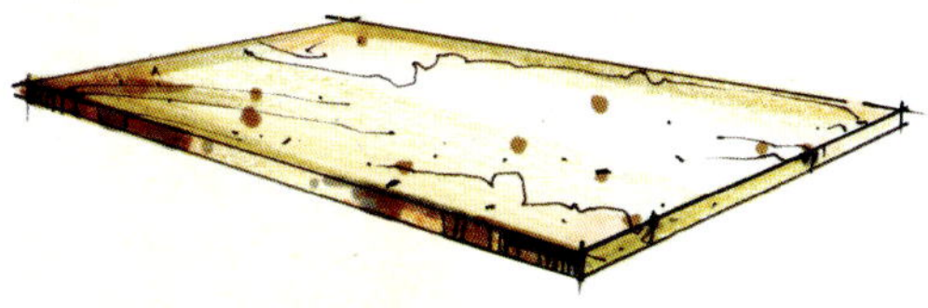

⊙木材表现：

室内中的木材表现一般分为木制家具的表现和木地板的表现两种。对于木质家具的表现要抓住其细腻柔美的纹理变化，从亮部到暗部，注意家具的体面关系。地面的表现可先铺低色，从浅到深，从亮到暗，可按透视方向也可按投影方向来进行线条的排列，进而表现出地面的光洁度与反射度。

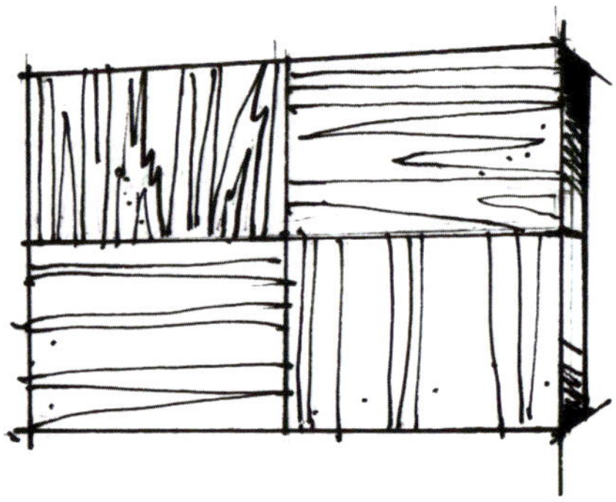

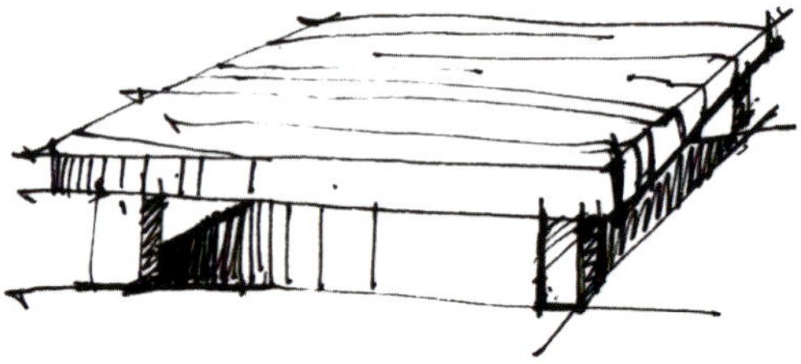

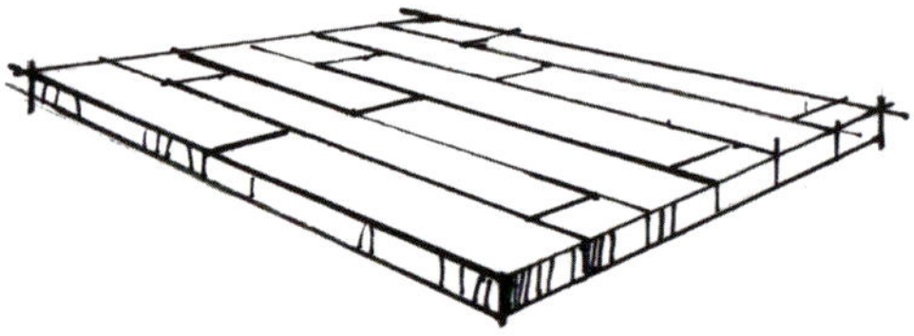

⊙织物表现：

织物的质地柔软，形态自然，画面高光少，反光弱。要准确地画出织物的柔软感觉，就要多观察织物特点，注意织物上的肌理变化与图案变化，利用这些变化区分出织物的形体结构。

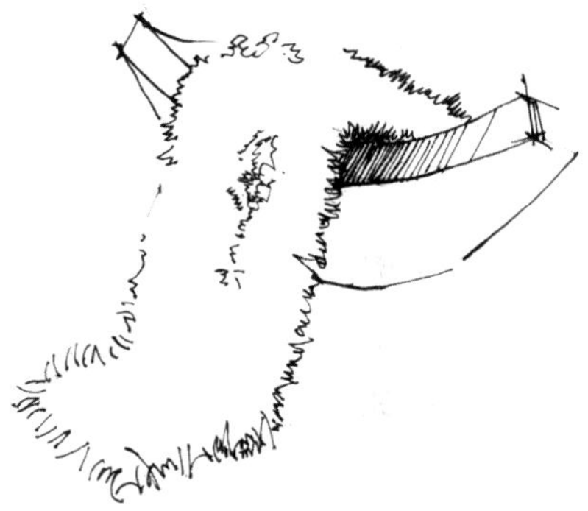

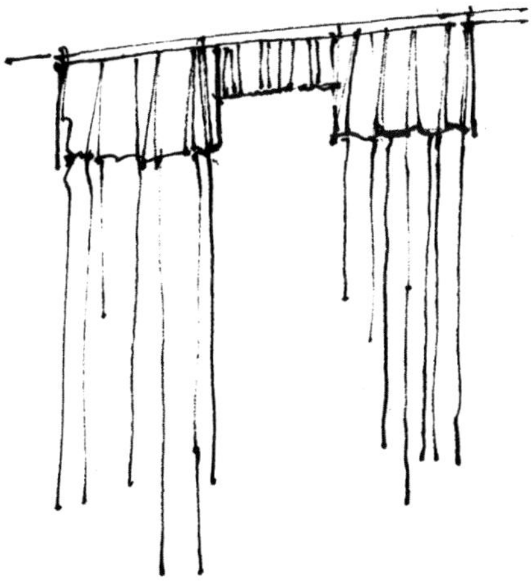

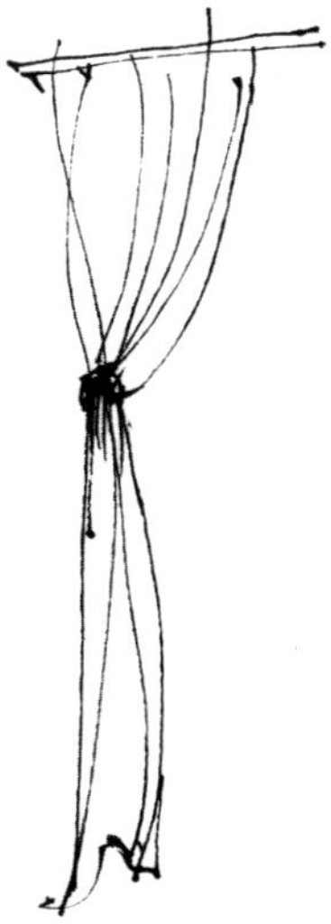

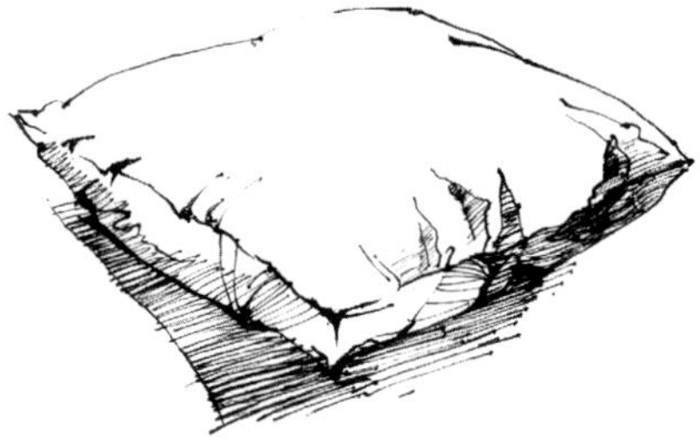

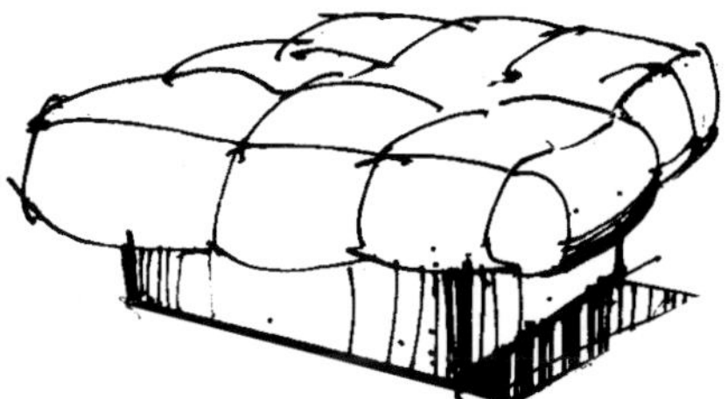

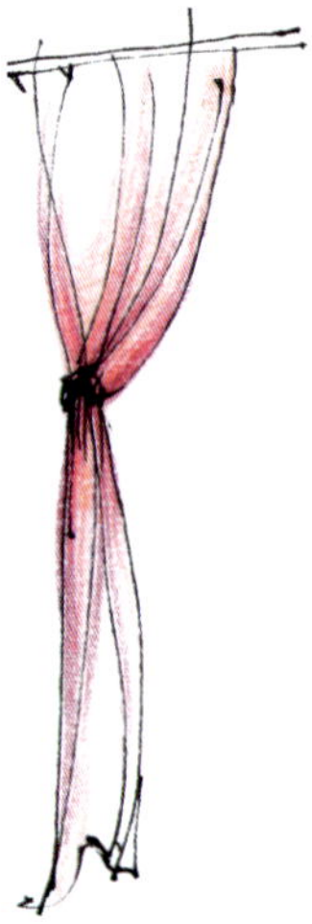

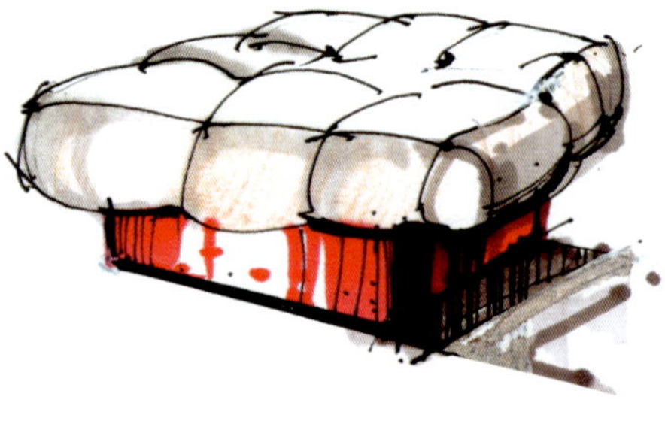

⊙玻璃表现：

玻璃最主要的特点是透明，且质地坚硬。在表现时应强调玻璃表面上的反射度及物体的投影方向，并且通过强烈的明暗对比来提高玻璃的亮度感。

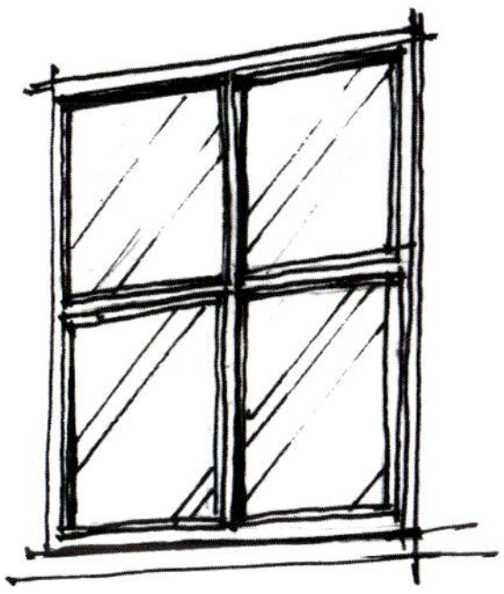

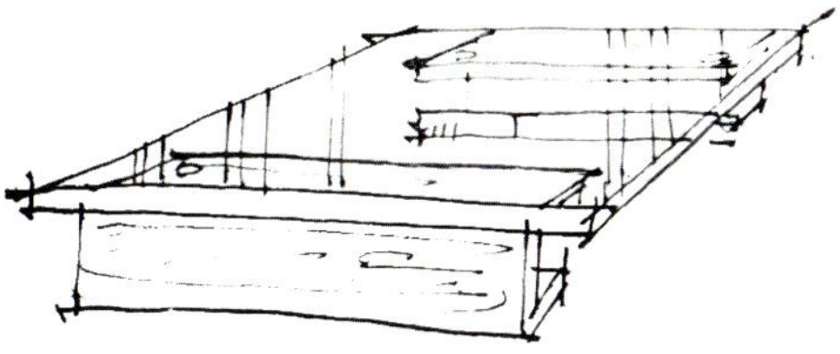

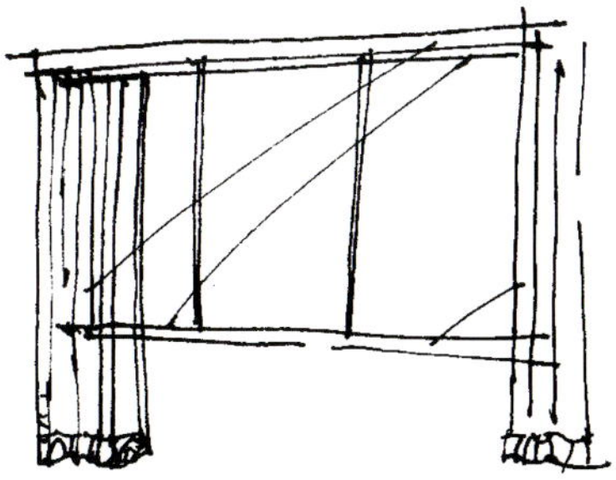

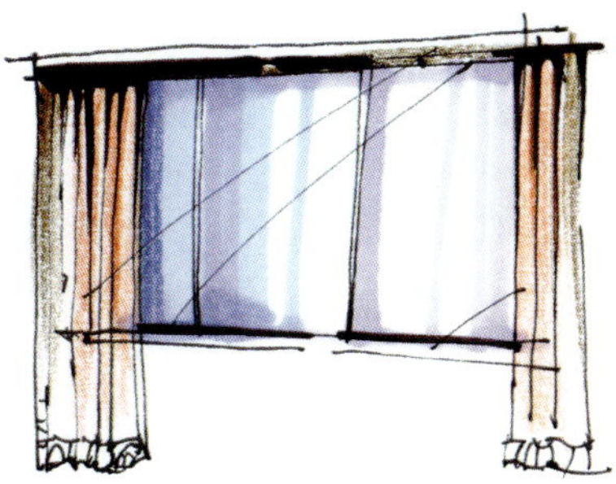

第二节 室内手绘效果图空间单体专项训练

空间单体的训练是效果图学习的必要步骤之一，它是对效果图线条及色彩进行明确训练的一种手段。虽然我们在进行线条训练时遵循的都是同一个理论原则，但在我们将这种理论付诸实践时，所表现出的线条样式仍有不同。就像字体一样，我们已在不断的绘画练习中，不知不觉地形成了属于自己的线条风格。这里我们可以对一个对象进行不断重复的绘制练习，找出属于自己的线条风格。

图中两组沙发是两名作者用针管笔与钢笔分别绘制而成。不同作者虽然画同一种物体，但风格迥异，由于用线的基本方法不变，所以虽风格不同，但均能表现出物体的体量与质感。

（一）单体家具

室内空间最主要的构成元素是家具，包括沙发、茶几、餐桌椅、床、柜子等等，另外还有一些家具上的软装饰配置，也是室内空间必不可少的元素之一。因此，室内家具摆设的表现效果绘制会直接影响到整幅图的效果。

1. 沙发的绘制

我们可以通过不断的临摹练习，掌握基本的线条表现手法，归纳总结出属于自己的线条表现。

在绘制沙发时，分析明确沙发的结构形态，应采用弧线和直线相结合的手法，沙发形体轮廓多用直线来绘制，而软垫的部分则用弧线来表达。

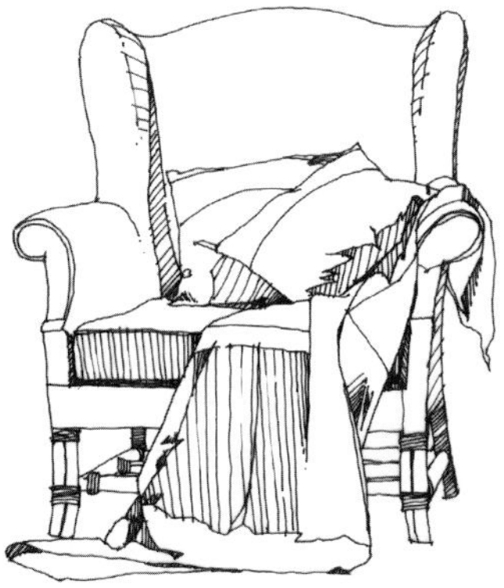

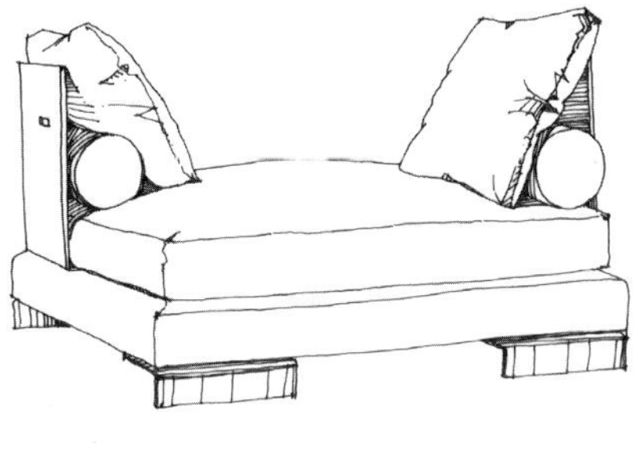

沙发的形体结构和材质较为复杂，特别是扶手与靠垫坐垫的材质不一样的沙发，就更要注意材质之间的色彩、纹理以及软硬度的对比关系。

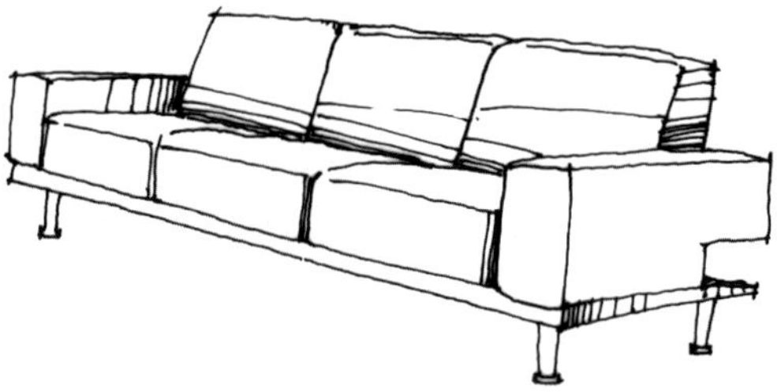

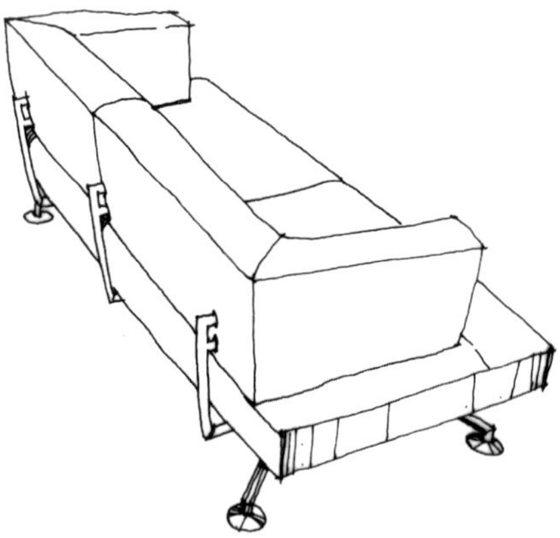

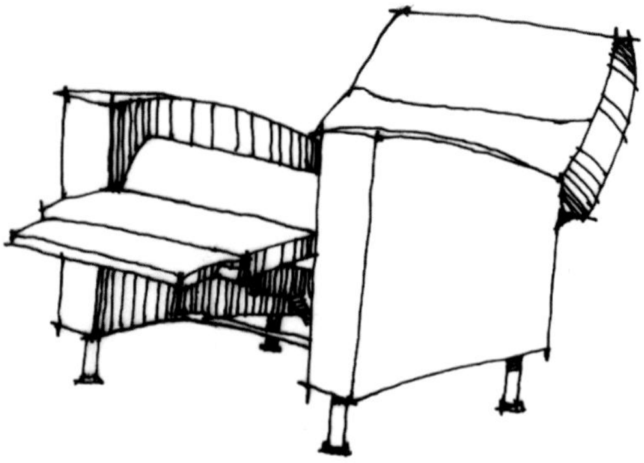

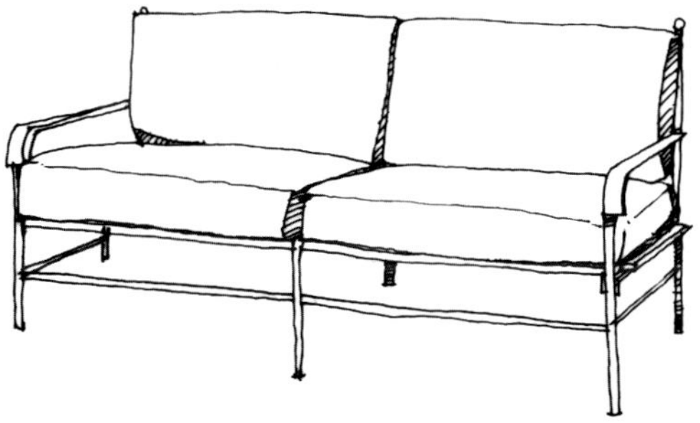

沙发一般与茶几配套表现，应处理好沙发与茶几之间的空间关系，注意茶几与沙发材质的区别，线条要灵活多变，注意控制对象整体的主次、虚实关系。

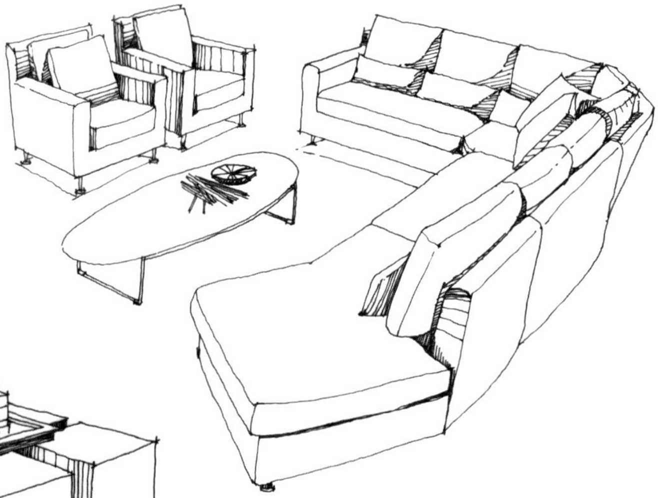

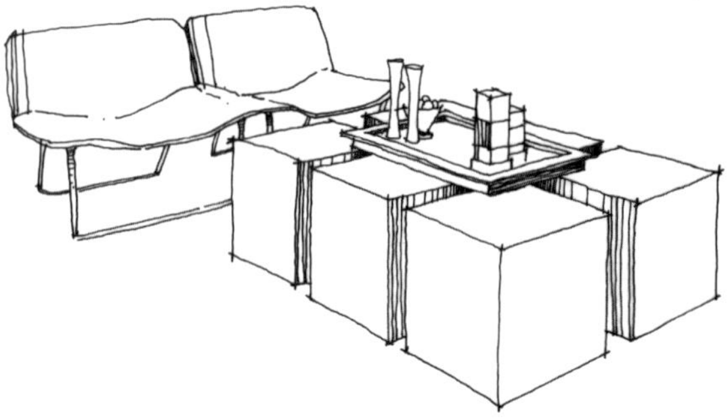

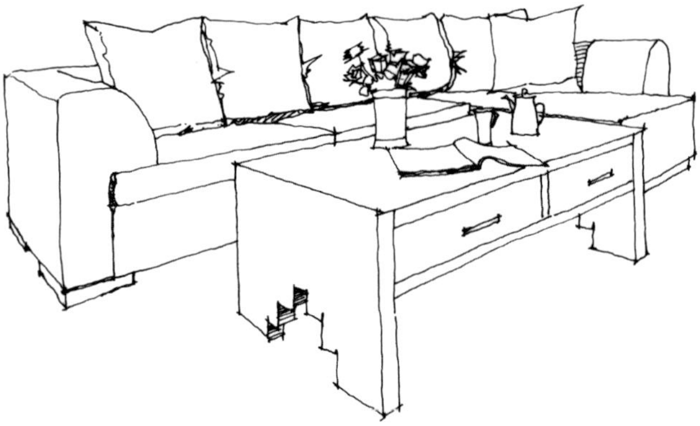

沙发着色时，笔触应与沙发形体结构一致，在处理软垫细小的纹理变化时应使用概括简练的线条。考虑到形体受光时所产生的变化，受光部分可适当留白，投影部分可采用深色系来增加沙发的重量感，并运用马克笔与彩色铅笔相结合的方式，用不同的工具特性区别投影，以增加投影部分渐变的层次感。

图中两组沙发，前一组是用马克笔与彩色铅笔结合着色的，后一组大部分是用马克笔完成着色的，虽然工具不同，但着色的笔触与笔势走向均以塑造形体为目的。

虽然不同作者上色时色相、笔触均有不同，但都是本着塑造物体的宗旨进行着色，笔随形走，色随形变。

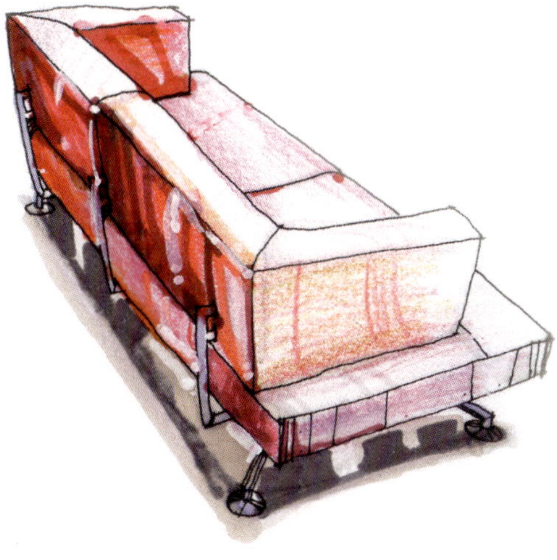

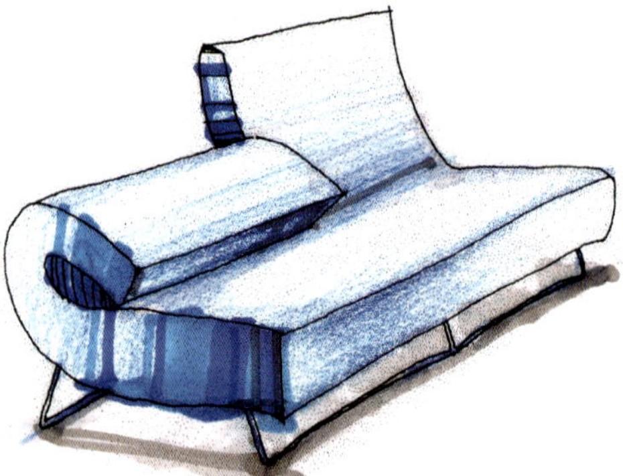

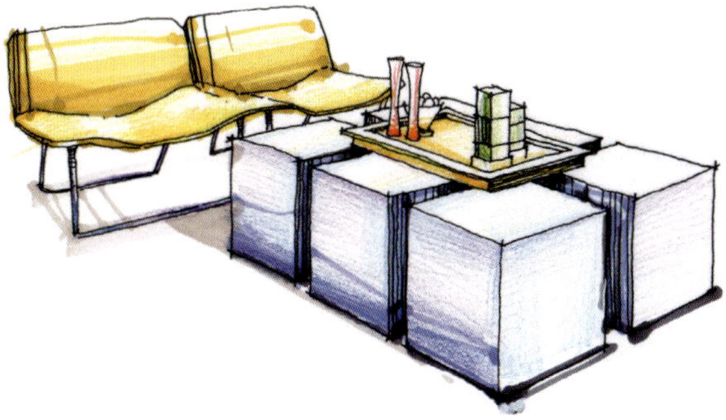

2. 椅子的绘制

椅子样式繁多，练习时应注意归纳其形体结构，明确其透视关系，由简入繁地进行绘画练习。从结构简单的单体椅子入手，逐渐过渡到对样式相对繁杂的古典椅子的绘制。

上页图同样为两个作者所画，绘画所用的工具不同。对于下面的图稿，可以灵活地加以临摹。

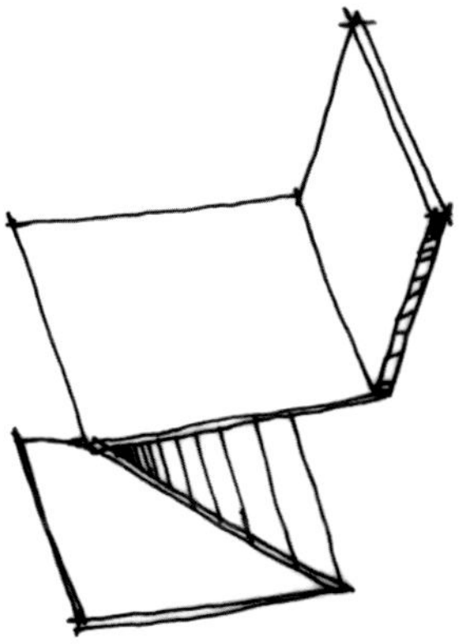

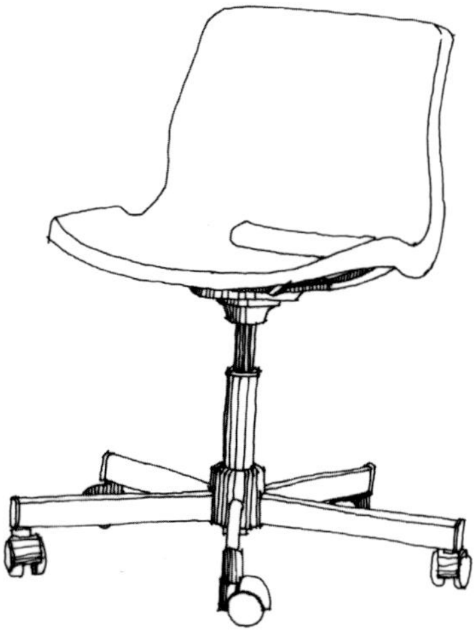

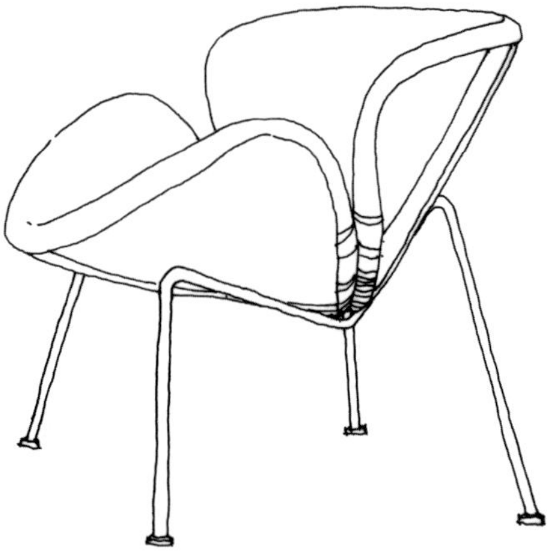

在绘制软面椅子时应注意材质上的对比关系，表现出材质的不同软硬度，对软面的线条进行归纳整理。

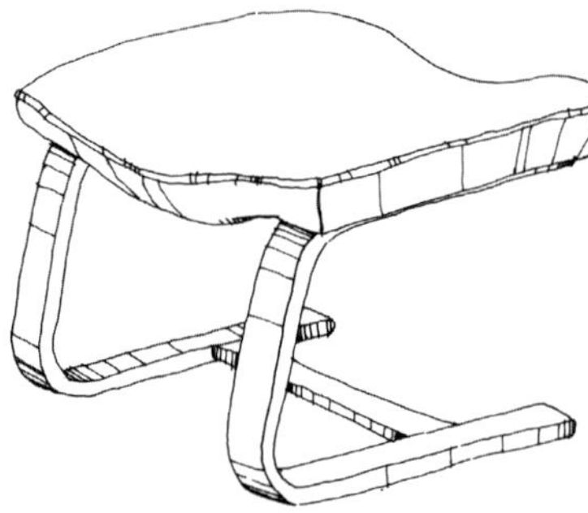

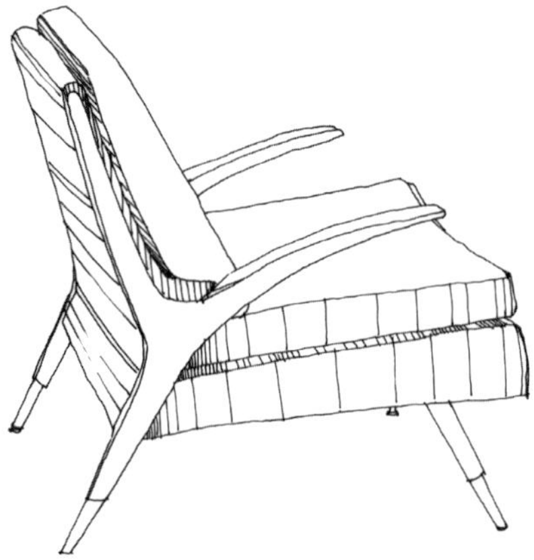

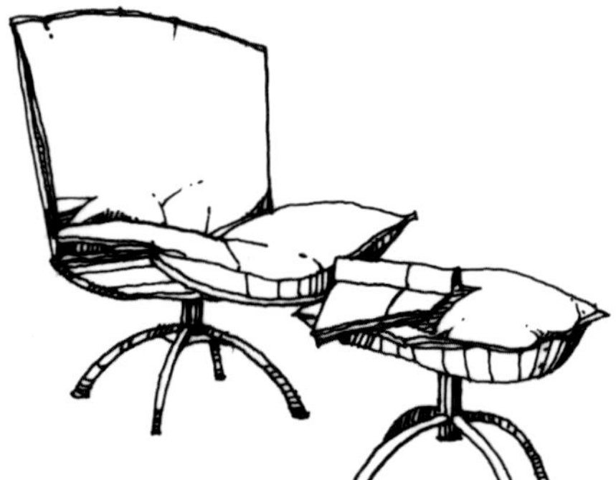

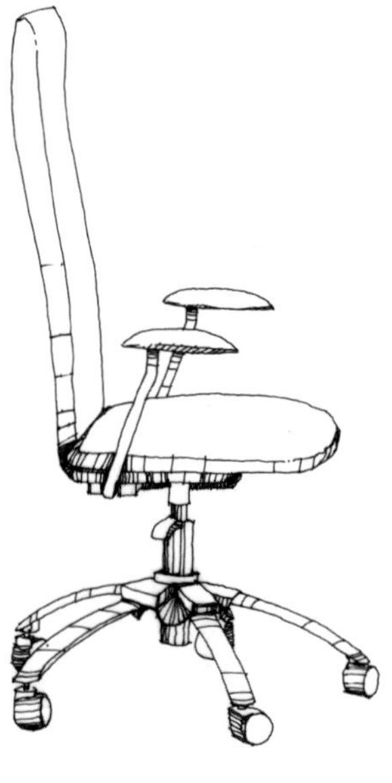

表现藤、竹类材质的椅子时要注意概括和留白，注意线条排列的疏密关系，可以点带面。

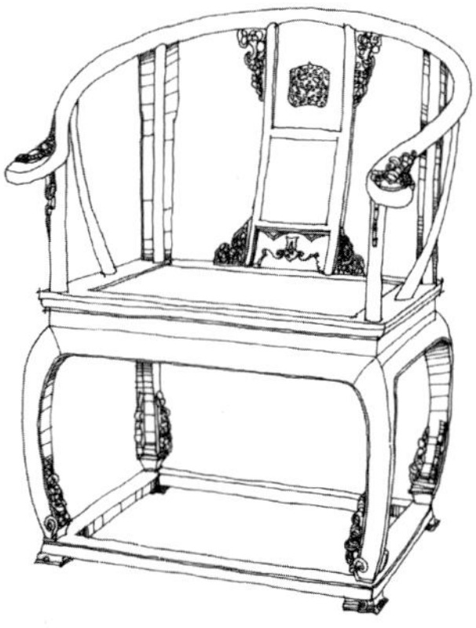

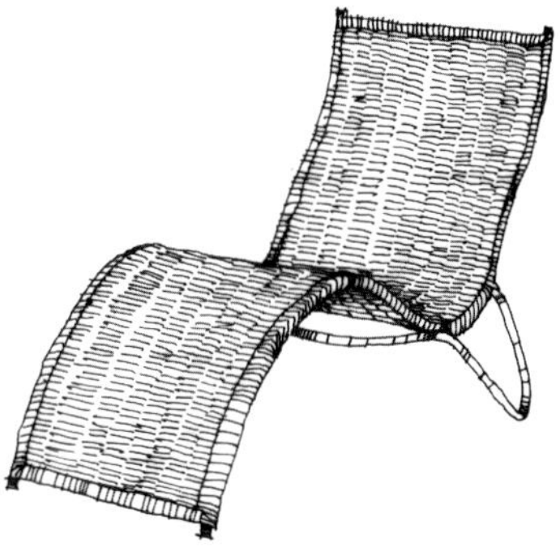

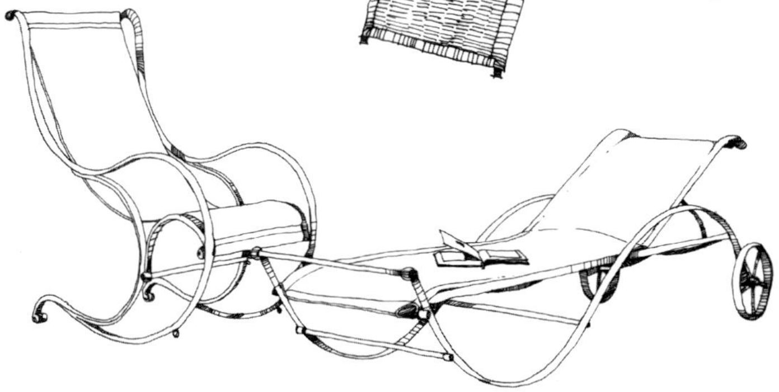

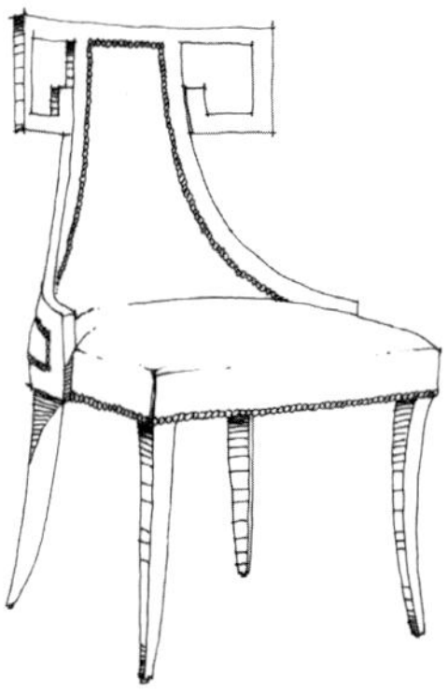

椅子着色时应注意其材质固有色的表现，并通过色彩来巩固和明确形体的结构关系，颜色随形体的转折来刻画表现，注意暗部概括和亮部留白。

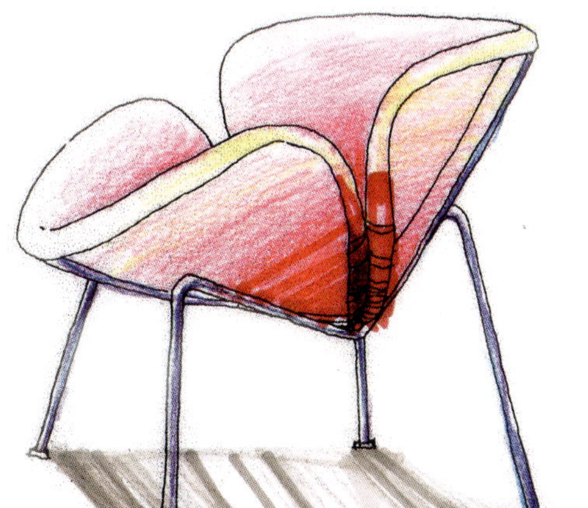

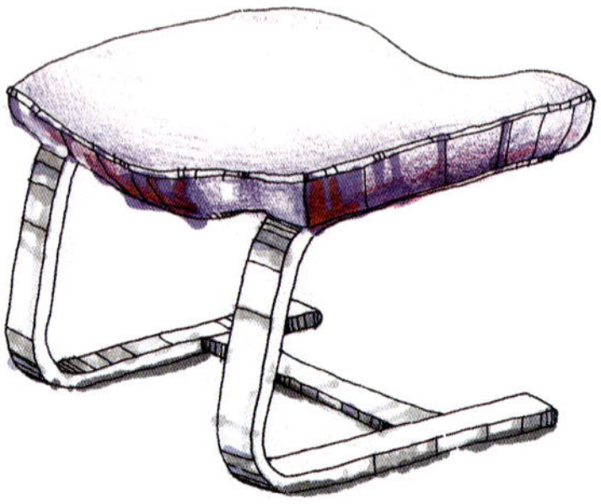

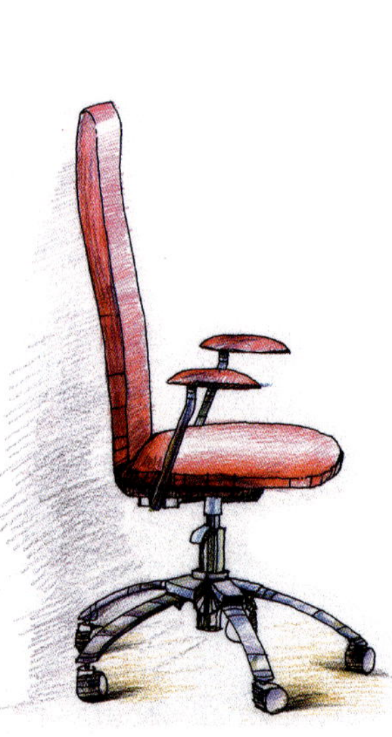

3. 床的绘制

软织物在床的结构中占大部分，由于织物的形态柔软，较难区分块面，因此，绘画时要依靠床体本身的块面结构来表现织物的体面关系，用线应简洁大方，注意归纳总结线条，保持物体透视变化的一致性，不可乱用线、用乱线。要注意对表现光影的虚线条的处理，使其与表现结构的线条相互结合，体现光影的层次感与秩序美。

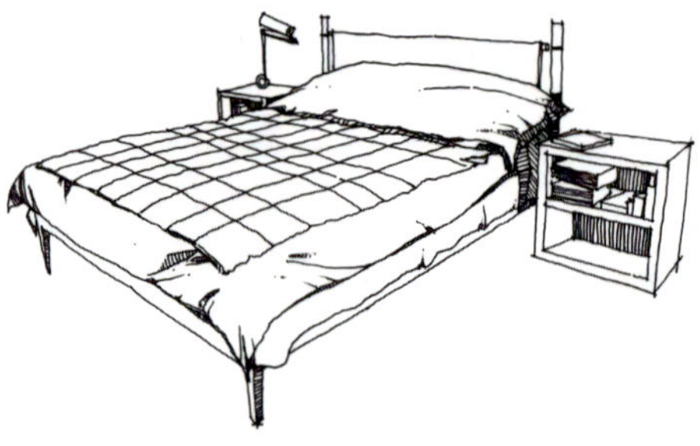

临摹学习时，要会灵活变通，对临摹的作品要经过认真的分析，可以添加或省略，不一定非要“形”似，“神”似更重要。

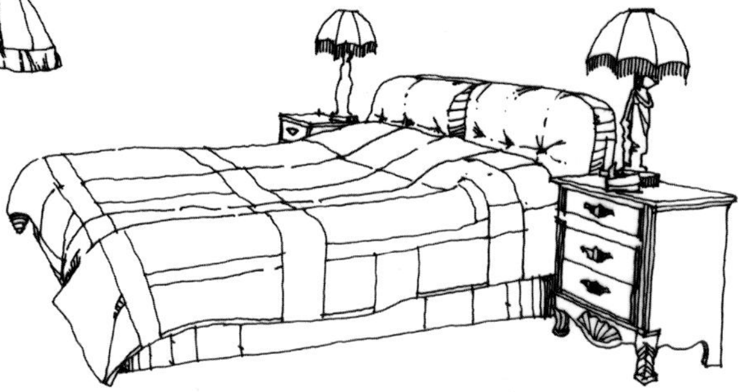

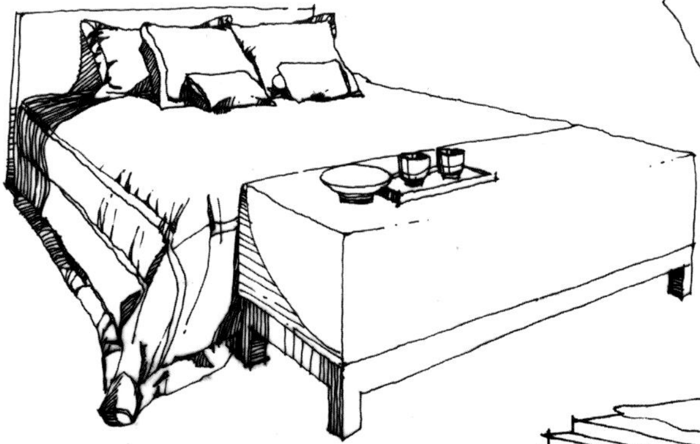

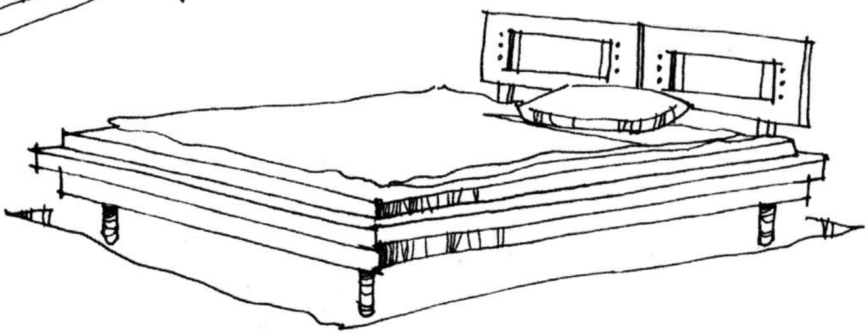

对床着色时，注意床体受光面的留白及转折部分的处理，加强明暗对比。笔触要和床单褶皱的变化保持一致，可用鲜亮的色彩突出枕头等床上的饰品以强调重点。在处理整个画面时要注意主次之分，例如，在处理床的细节之处的同时，可简化对床头柜的处理方式，避免出现“全重点则无重点”的问题。

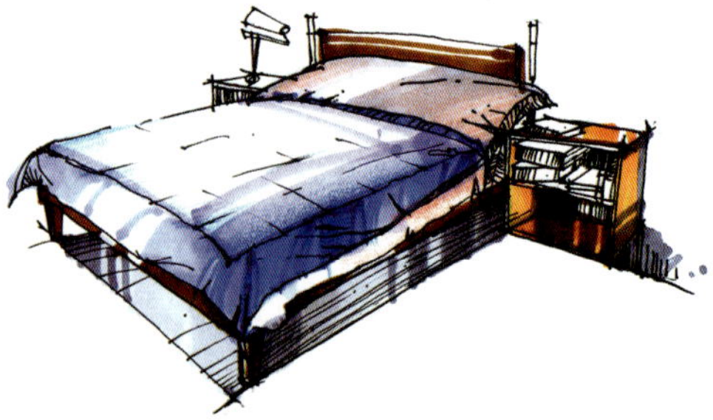

可以对临摹对象进行总结概括，不一定非要做到丝毫不差。

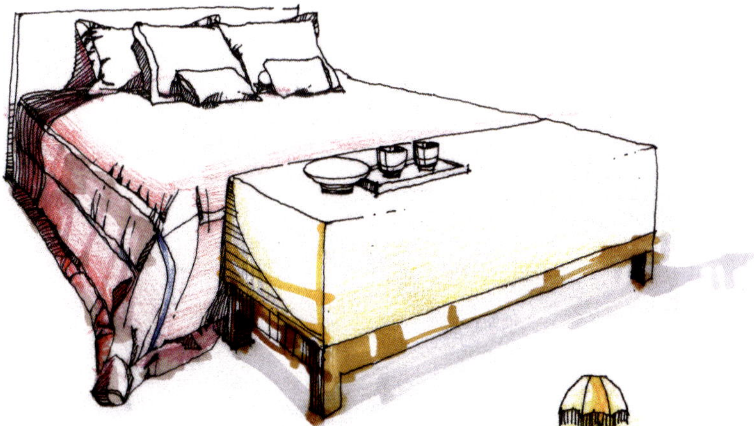

4. 其他单体家具的绘制

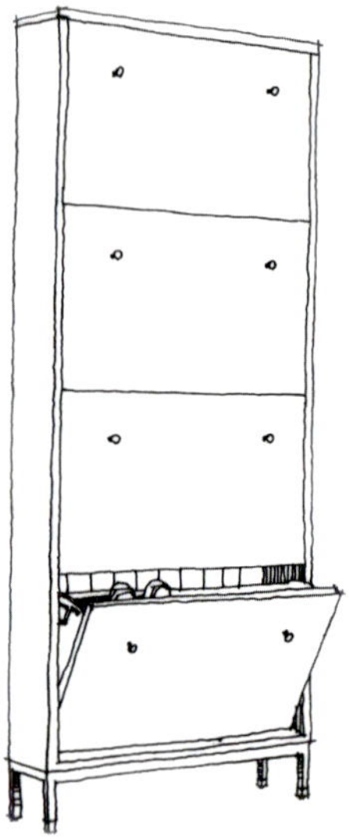

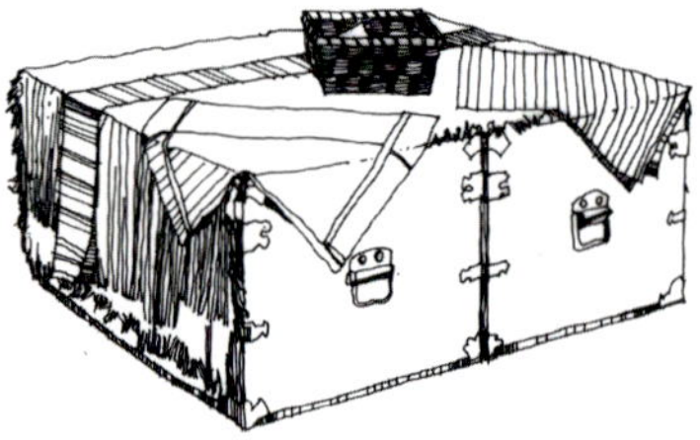

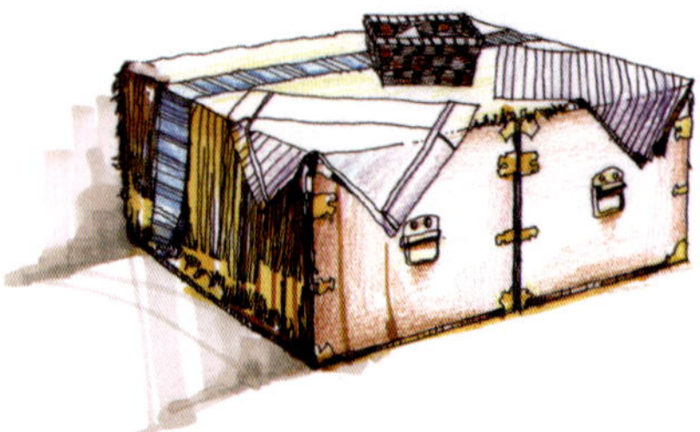

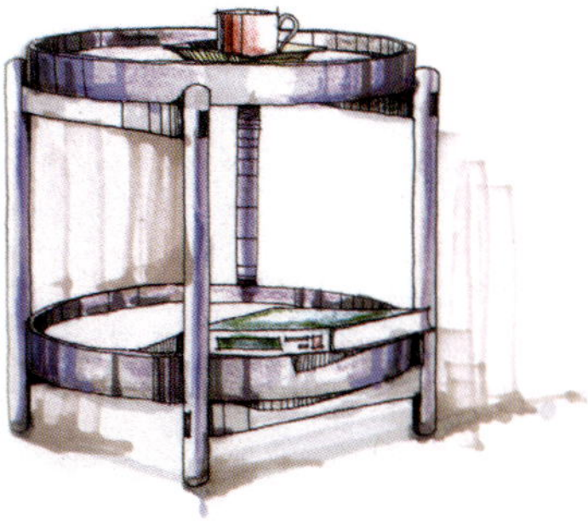

（二）照明灯具

室内照明灯具的种类繁多且各具特点，而台灯与吊灯是效果图中最常见的灯具品种。在绘制灯具时，应首先分析灯具的风格特点及结构特征，笔触应与造型及材质特点相一致。

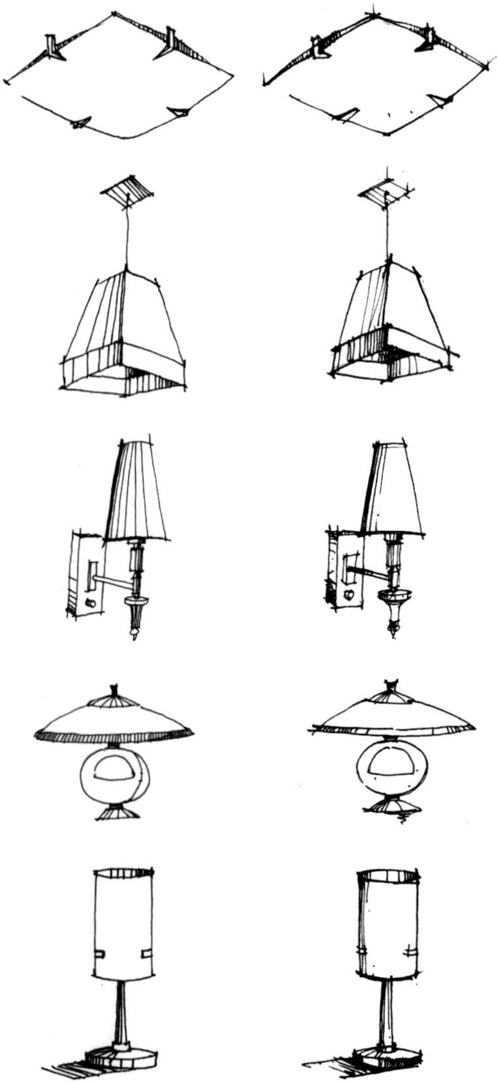

现代感较强的灯具，在结构线条的处理上应力求简洁大方，笔触利落肯定，形体转折关系明确。欧式造型的灯具结构复杂，装饰纹理变化多样，应采用小笔触进行表面处理，同时注意其纹理的主次关系，不要见什么画什么，要注意归纳总结，突出重点。

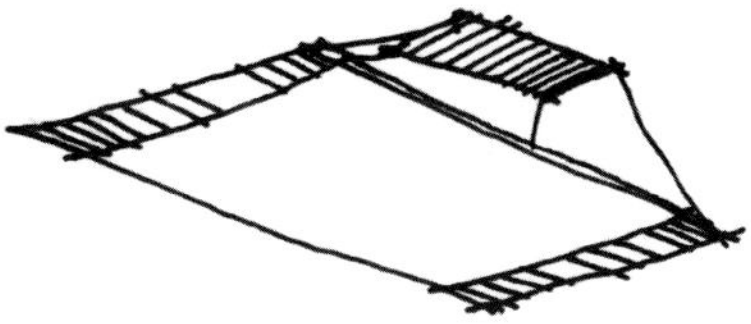

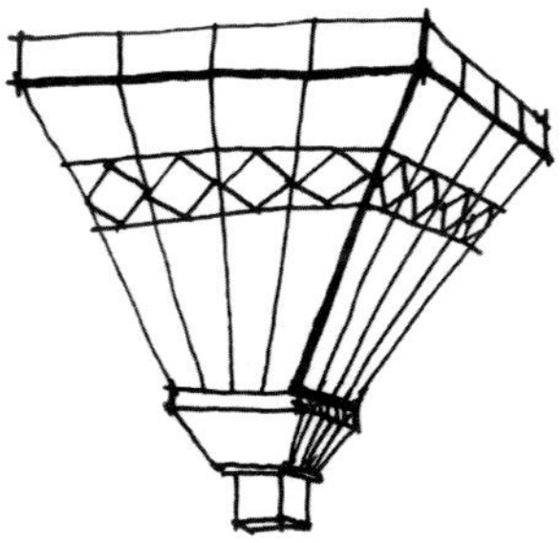

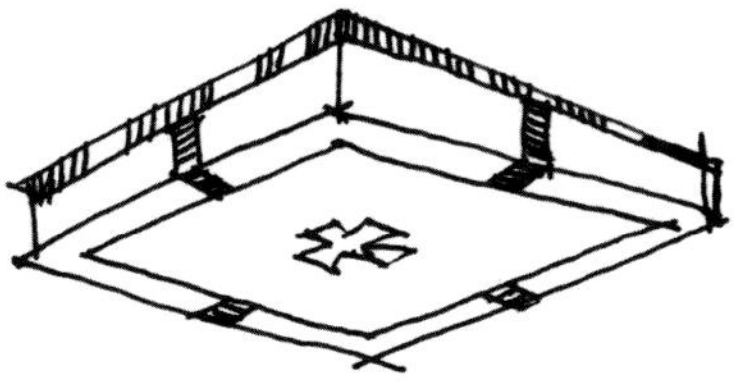

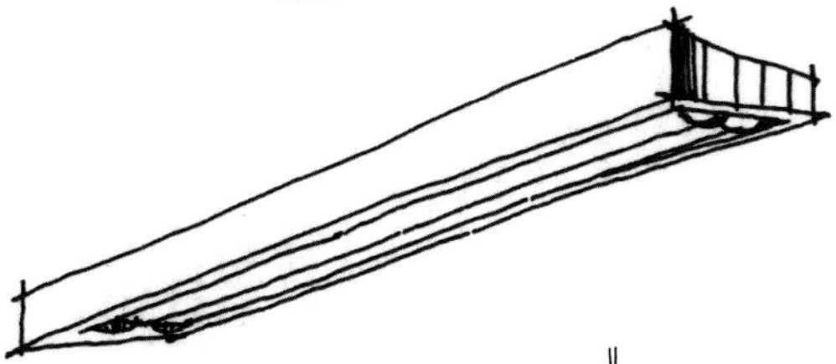

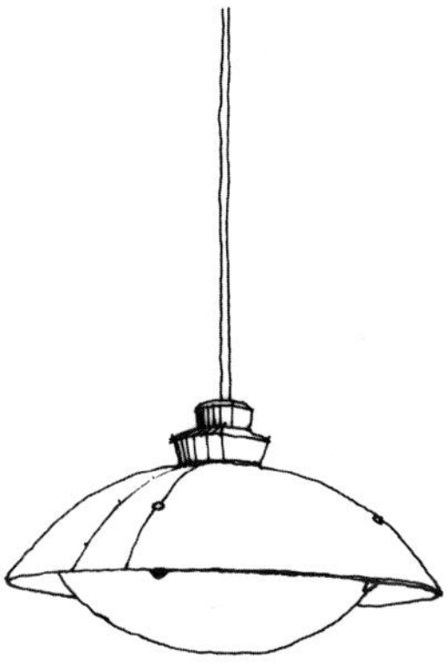

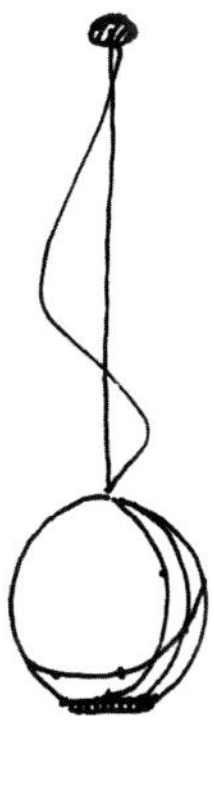

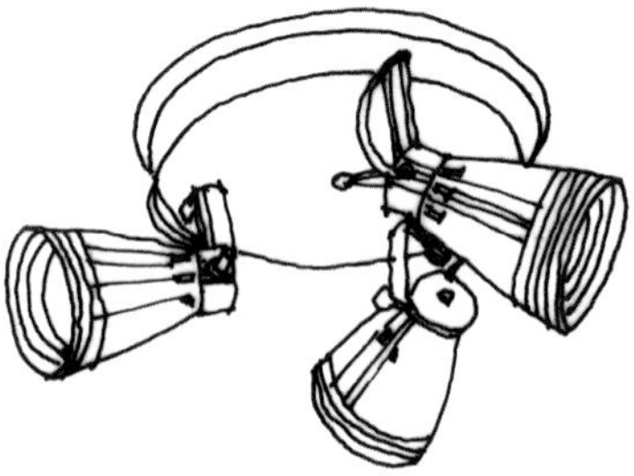

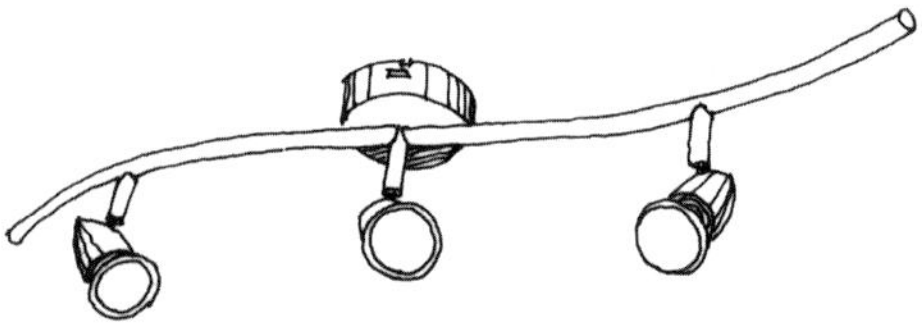

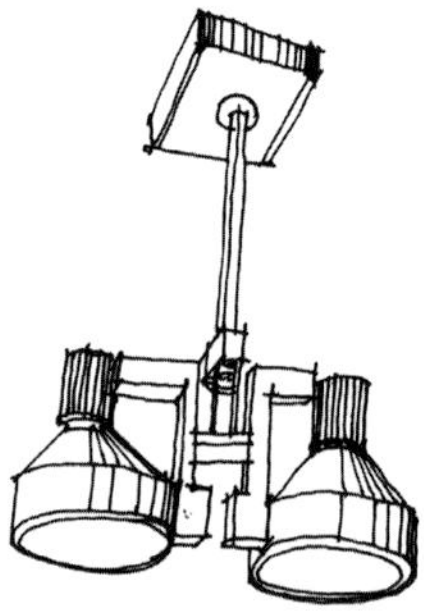

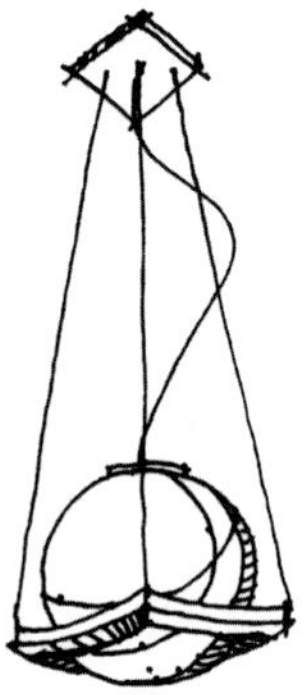

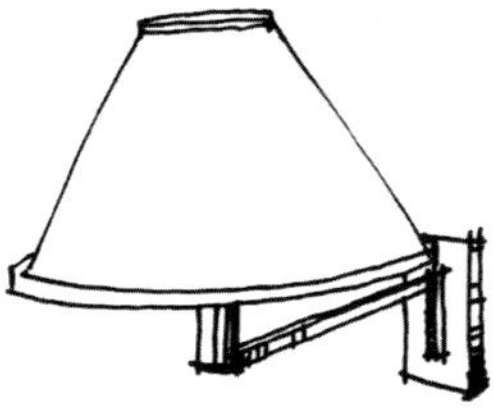

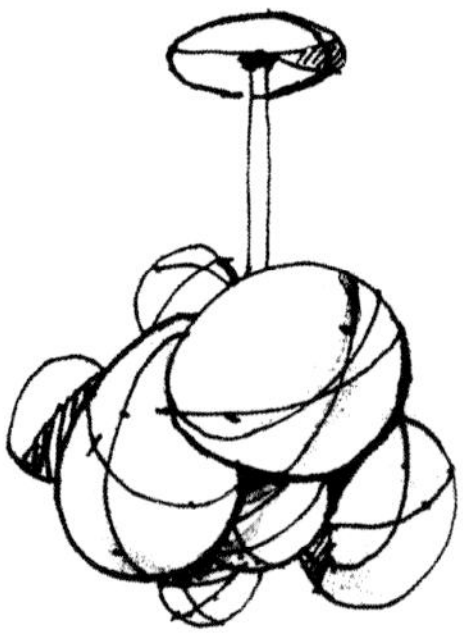

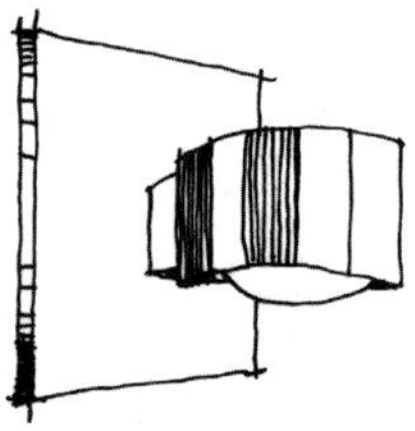

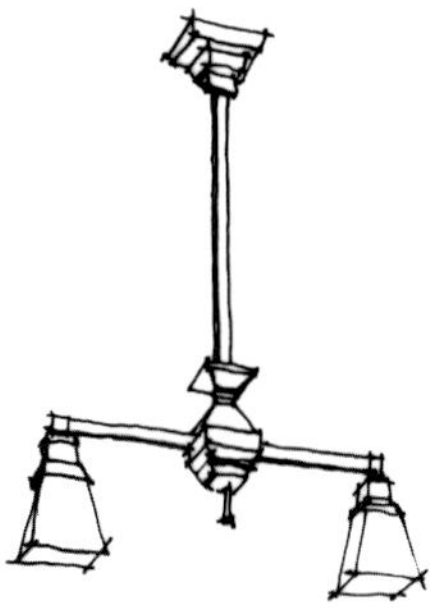

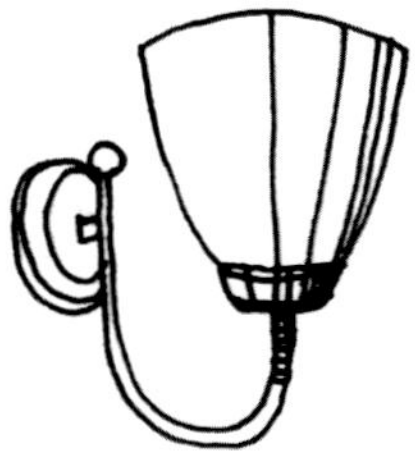

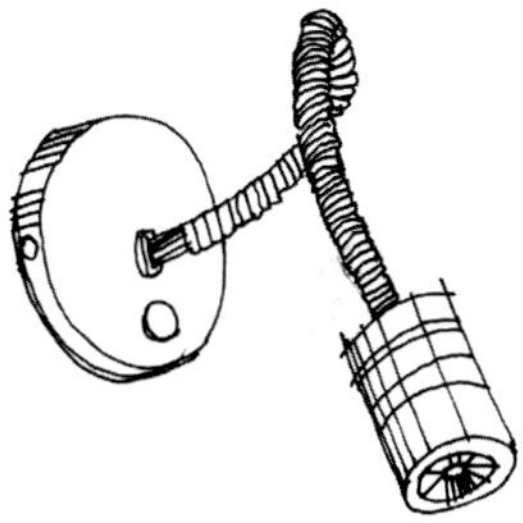

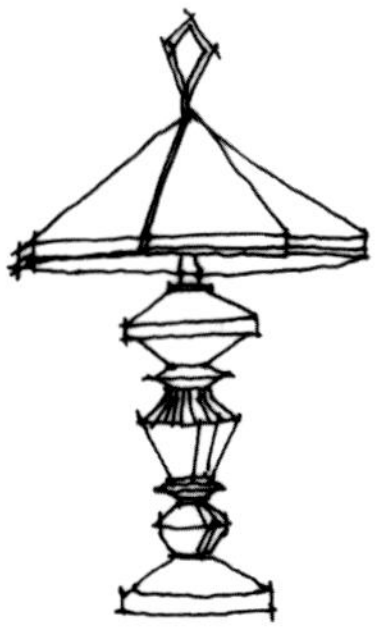

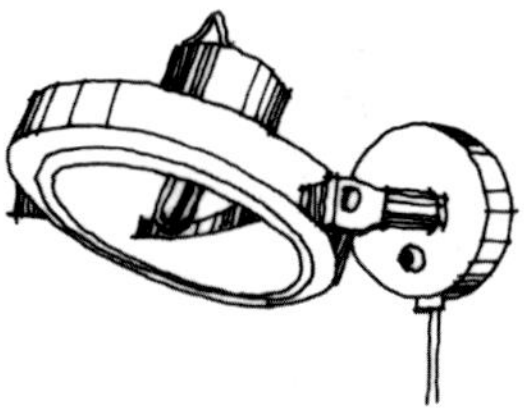

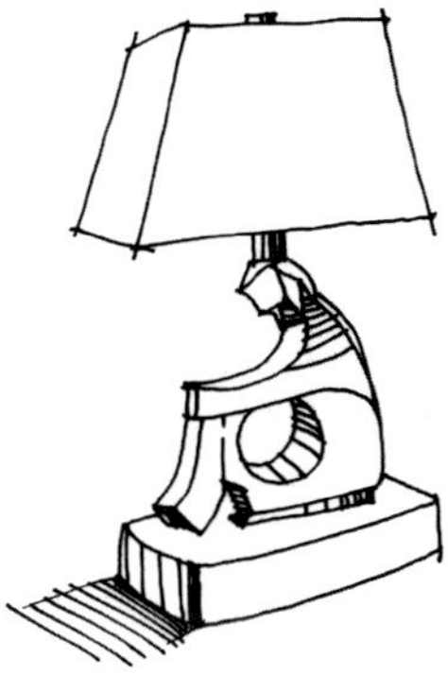

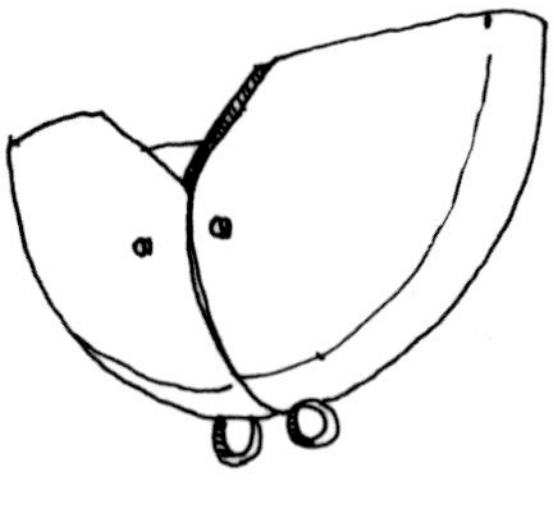

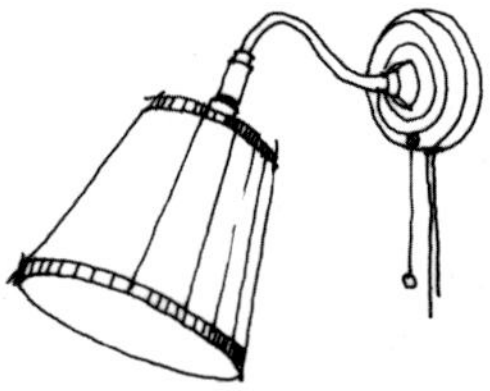

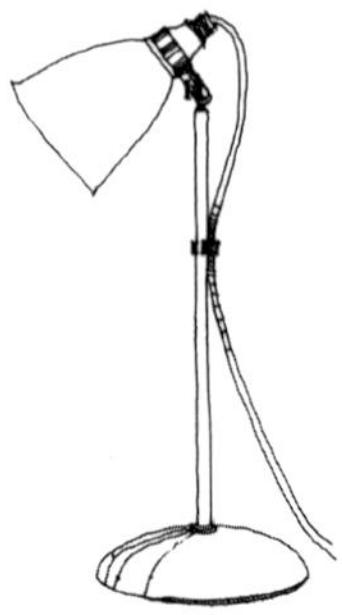

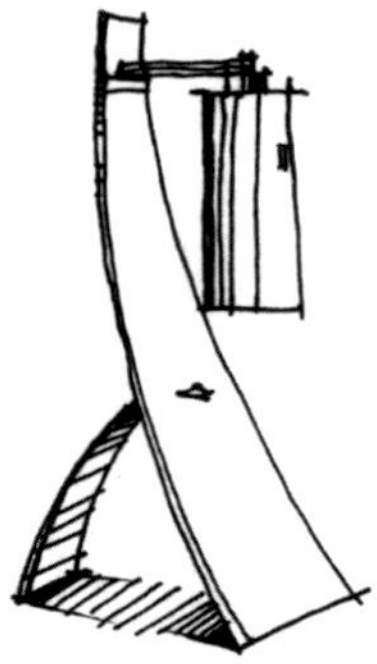

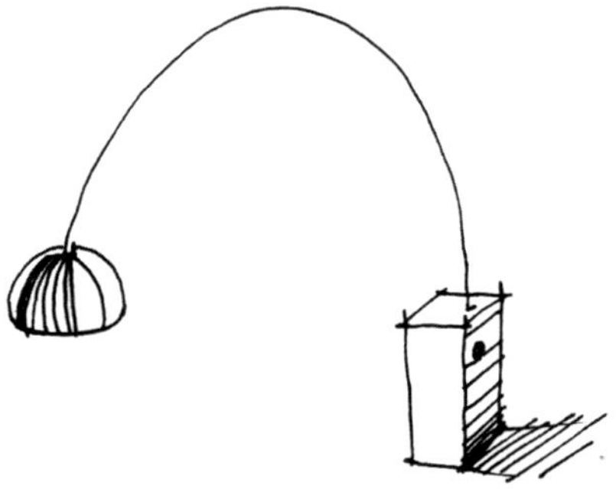

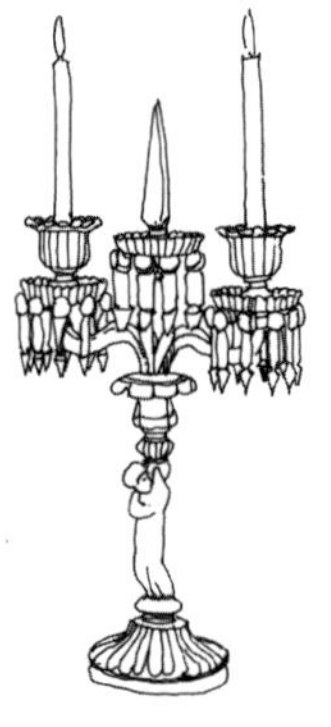

对照明灯具着色时，应把灯光的颜色与灯的造型变化相结合来考虑，要注意光照的层次变化，处理好虚实、冷暖的对比关系。

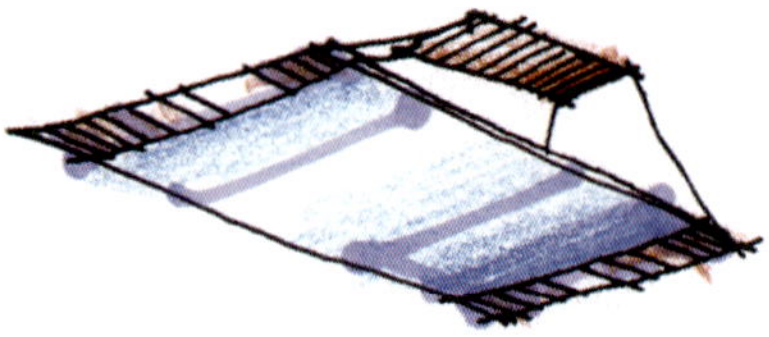

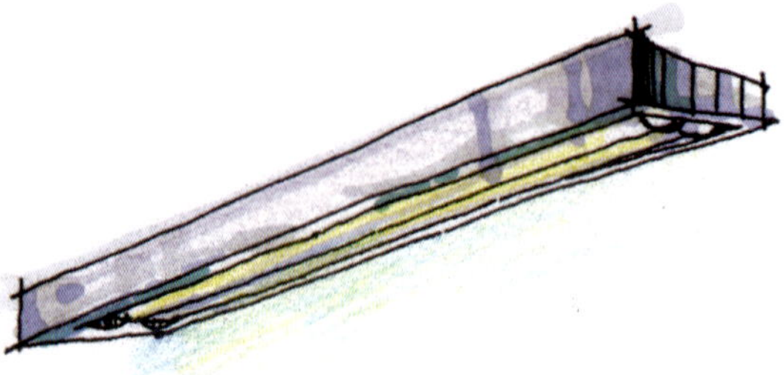

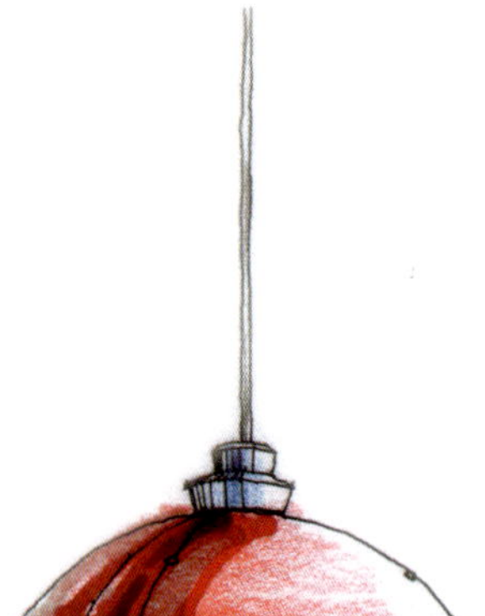

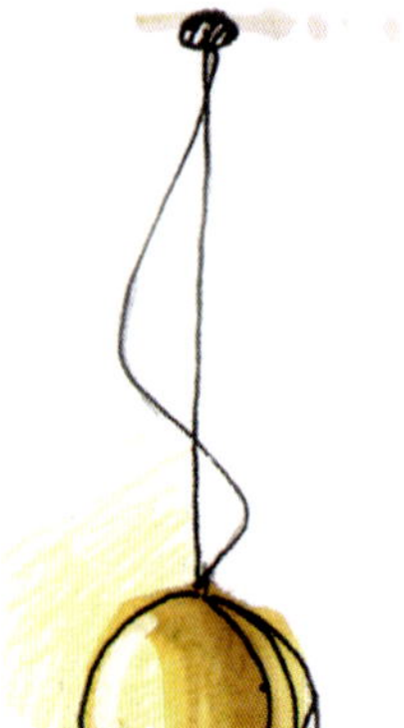

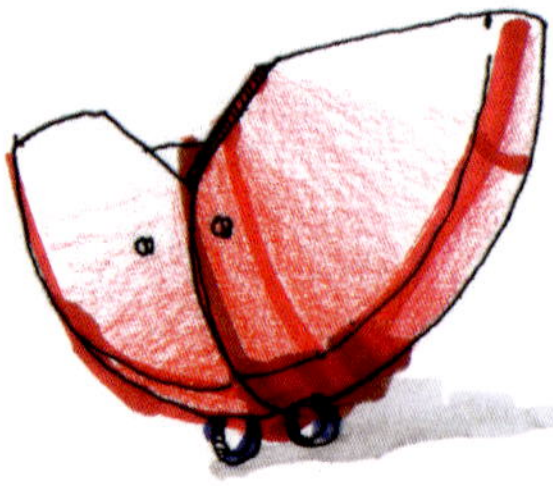

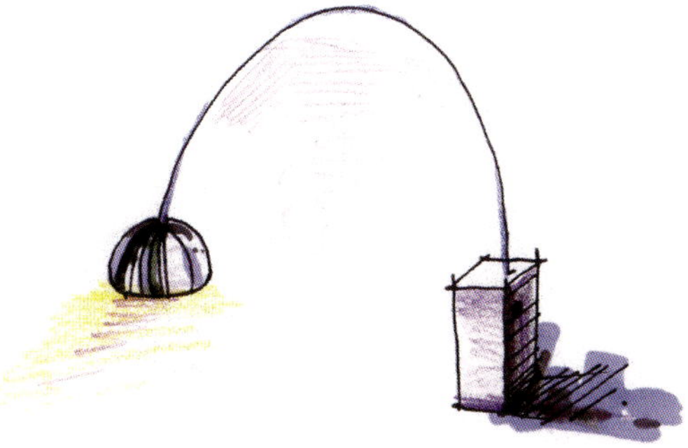
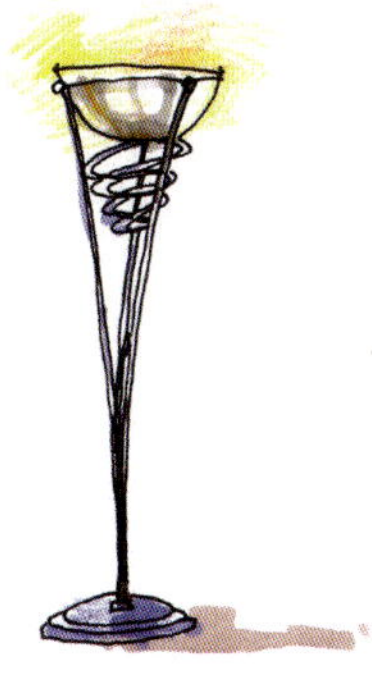

（三）卫生洁具

卫生洁具的材料以陶瓷、玻璃为主，其表面光滑，质地坚硬。因此，绘制时需表现出其光洁的质感，线条应流畅而简洁，肯定而不拖拉，表现出硬度与光滑感。

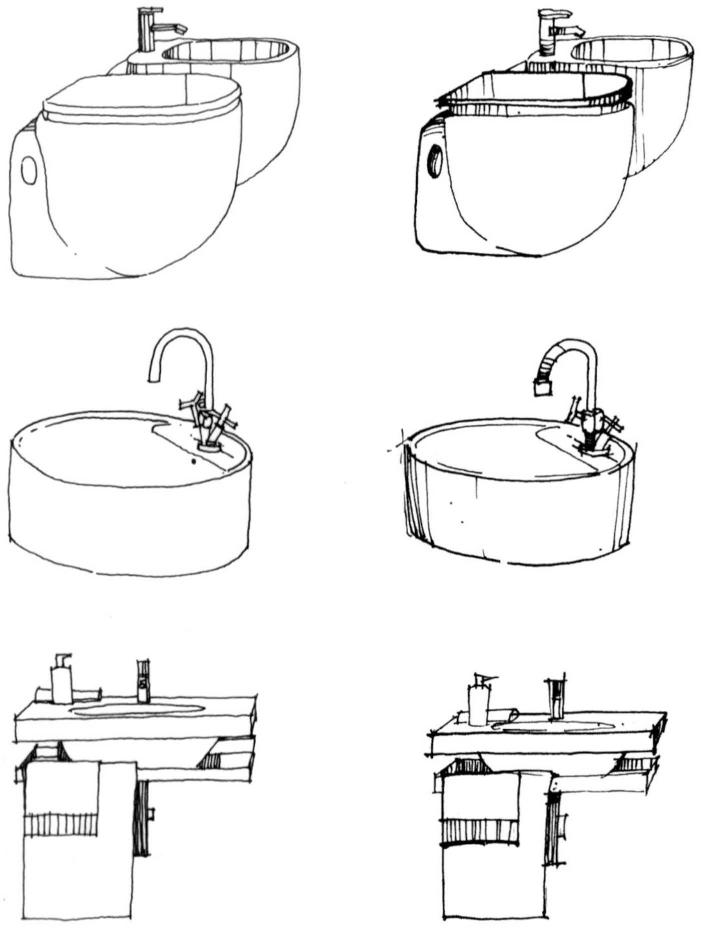

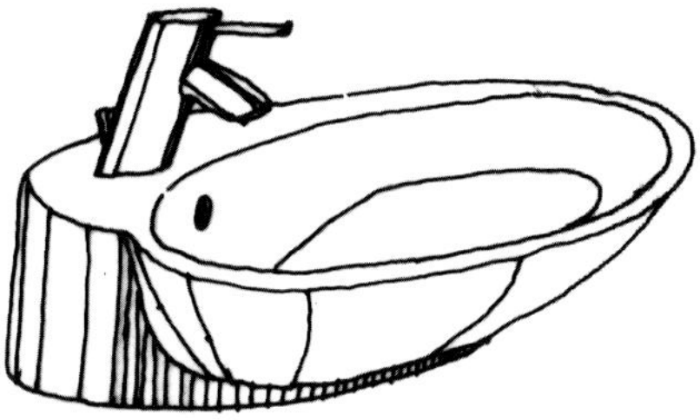

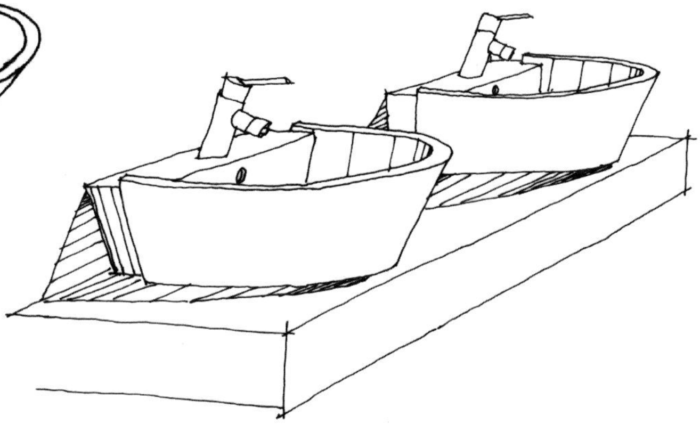

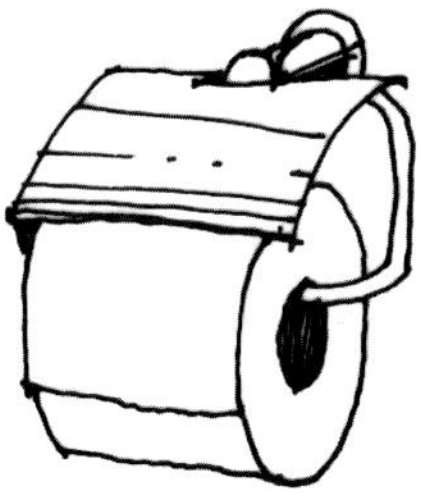

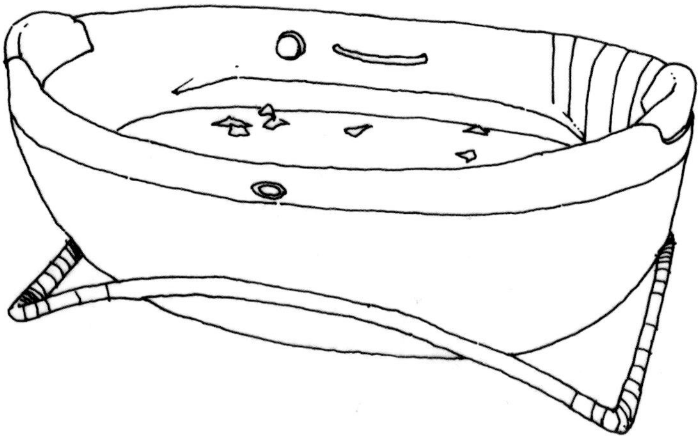

由于卫生洁具的材质多是白色陶瓷与透明玻璃，因此，着色时要注意把握色彩的倾向、用笔的概括，不要因为用色过多而使其固有色发生改变。

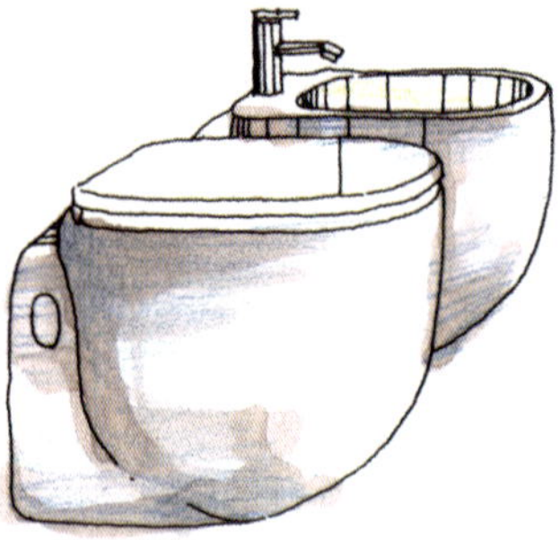

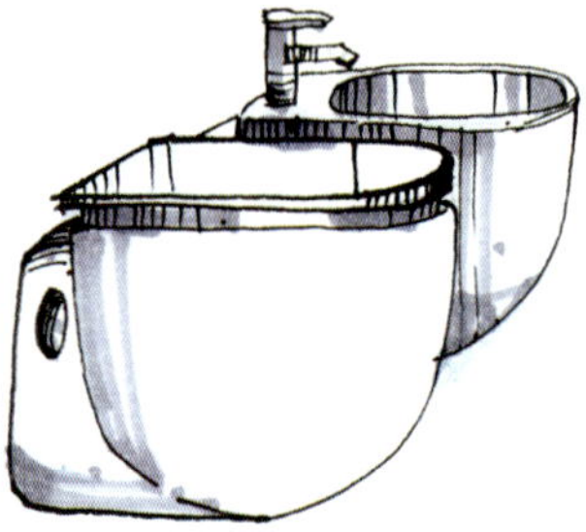

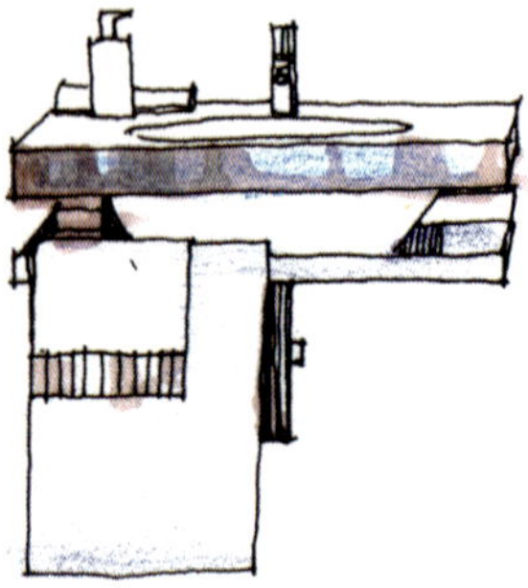

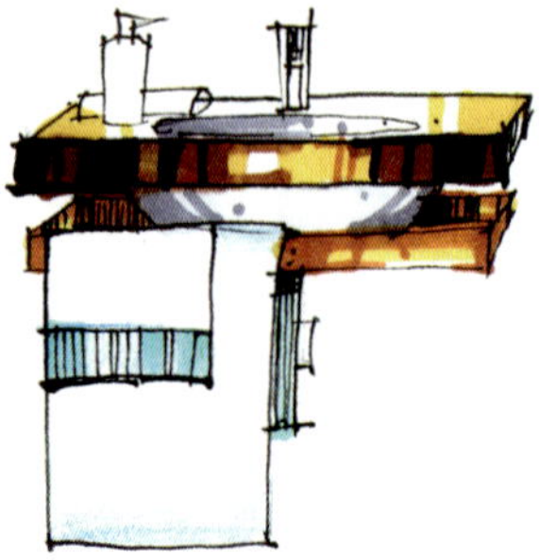

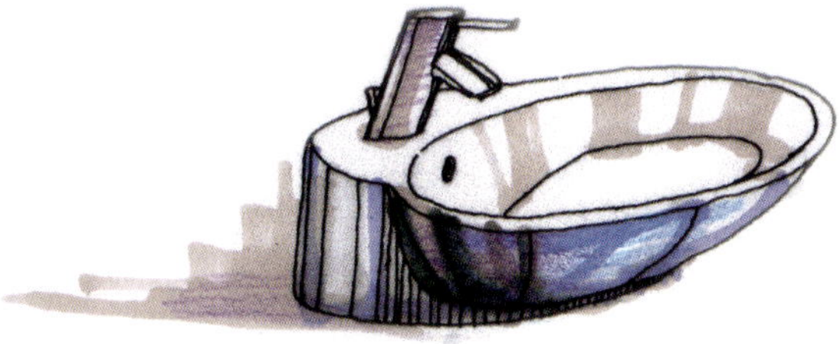

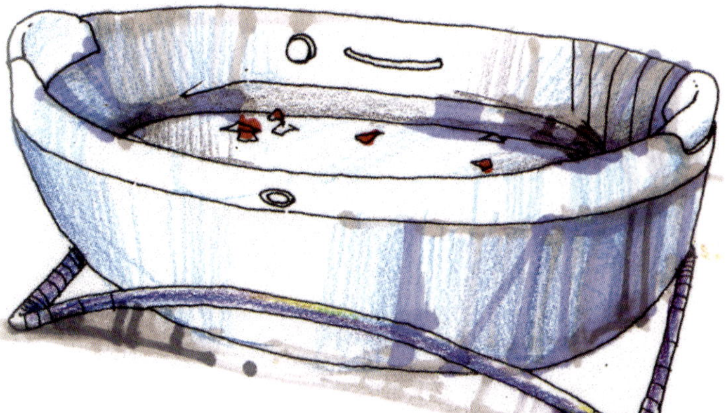

（四）植物花卉

室内植物的绘制对于初学者来说往往是一大难题。由于其自然的生长形态较为复杂，表现起来往往是乱糟糟的一团。想要改变这种混乱的画面，在绘画时我们应注意对枝叶形体进行归纳，做到成组绘制，有主次、轻重之分，不要被繁茂的枝叶所迷惑，要尽量概括总结。

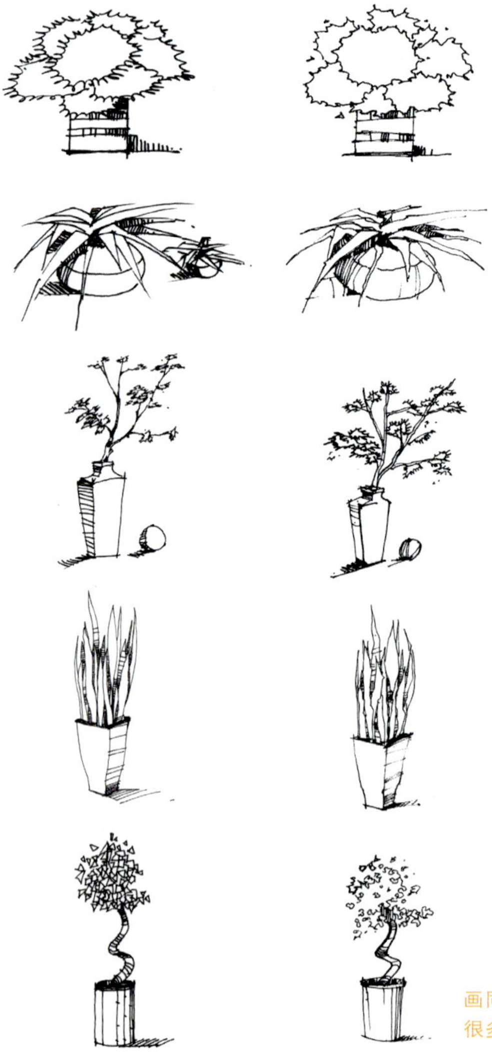

画同一种植物，概括的方法可以有很多种，临摹时也可稍加变化。

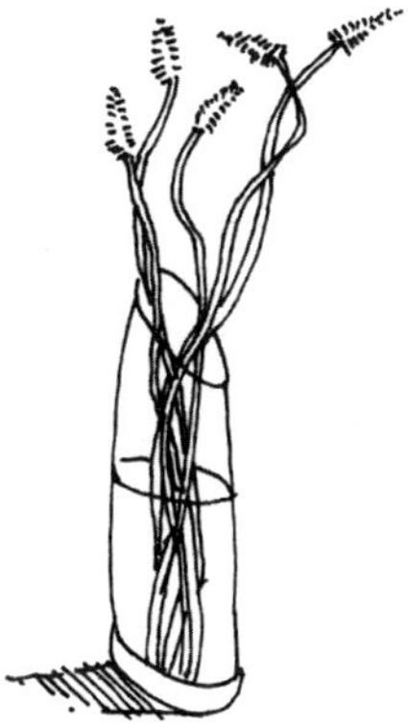

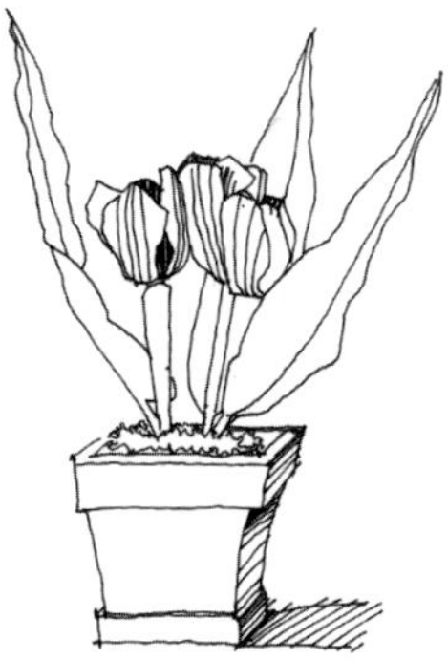

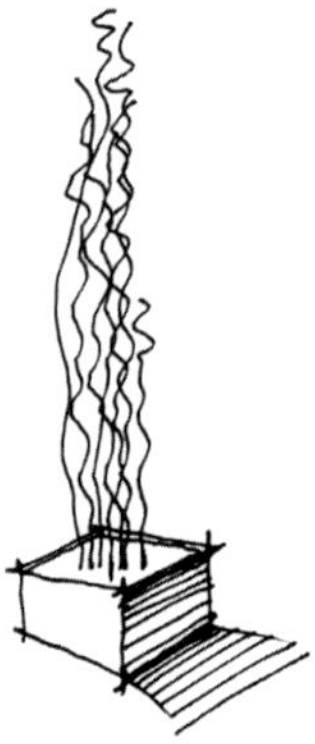

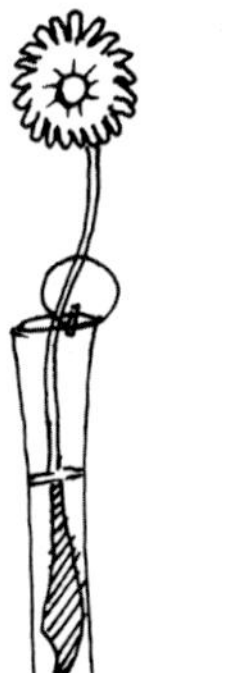

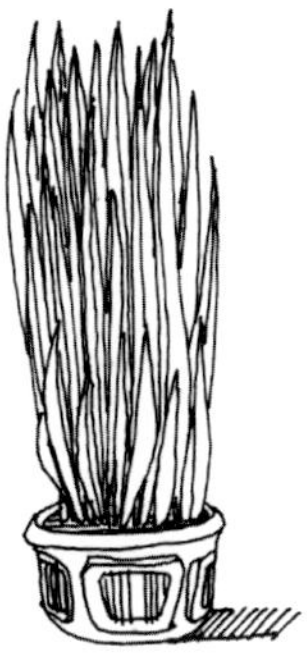

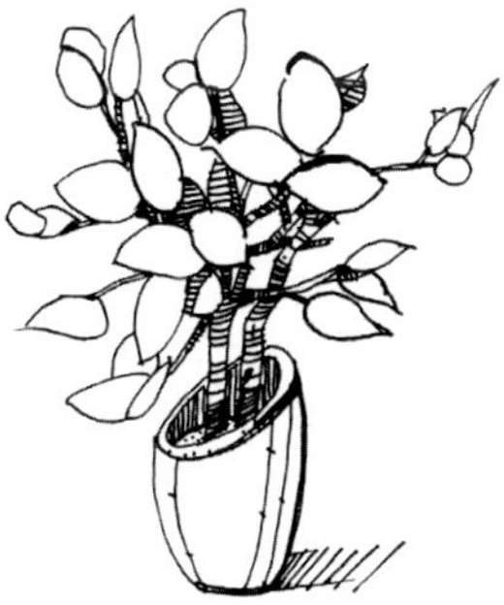

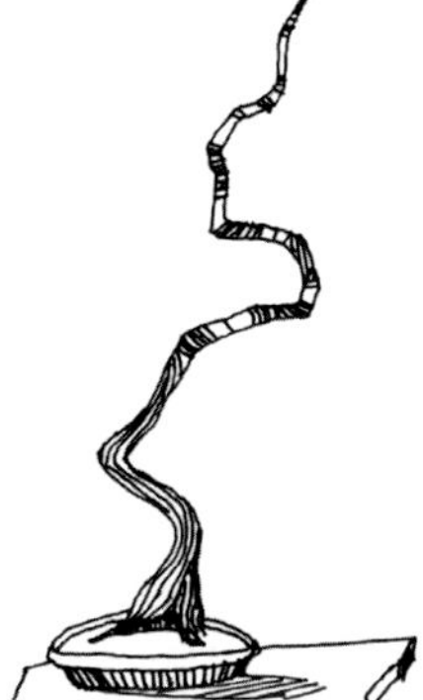

着色时注意控制对象的明暗关系，归纳区分出枝叶的受光与背光部分，笔触概括简练，注意色彩的过渡与层次。

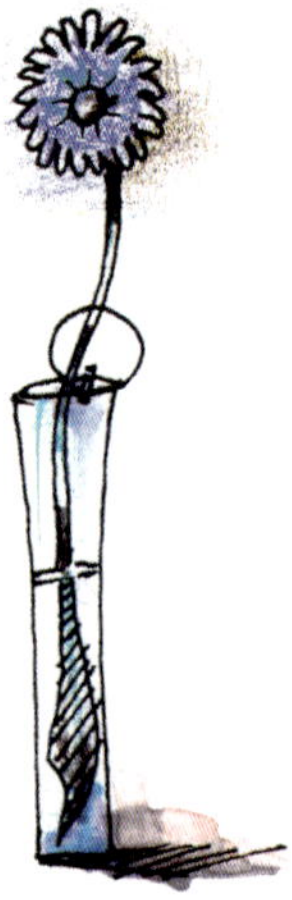

（五）家用电器

效果图中常见的家用电器有音响、电视、电脑等，它们也是构成室内空间的主要元素之一，有着极强的现代感及工业感，材质多为硬质的塑料、金属等，具有较强的反光性。绘画时多运用利落的直线条表现，注意形体的穿插组合、笔触的简练利落。

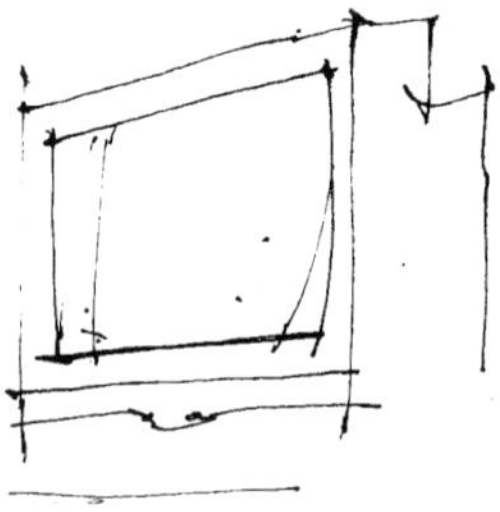

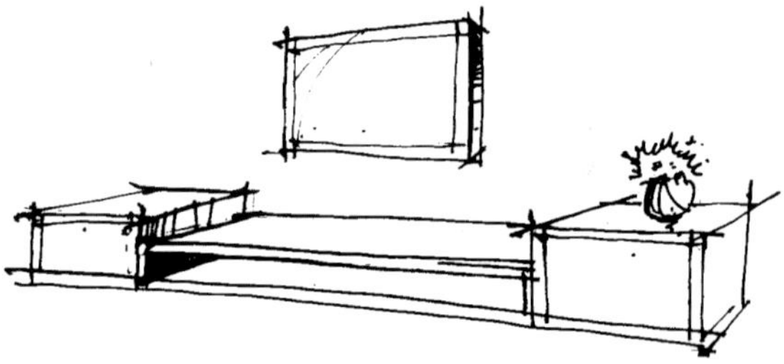

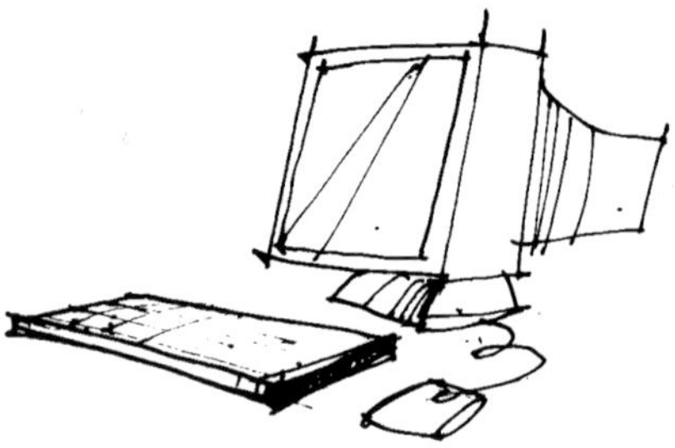

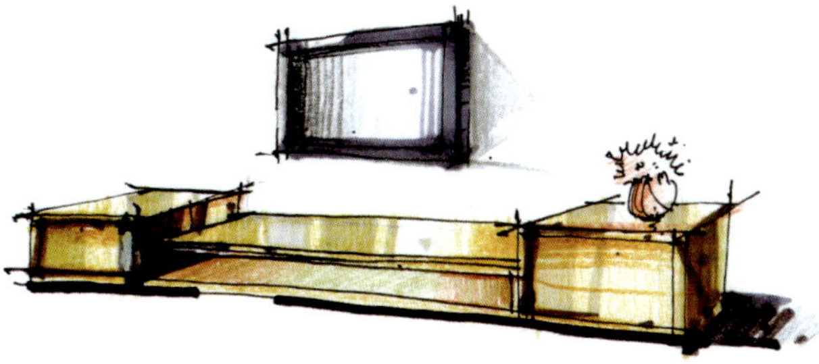

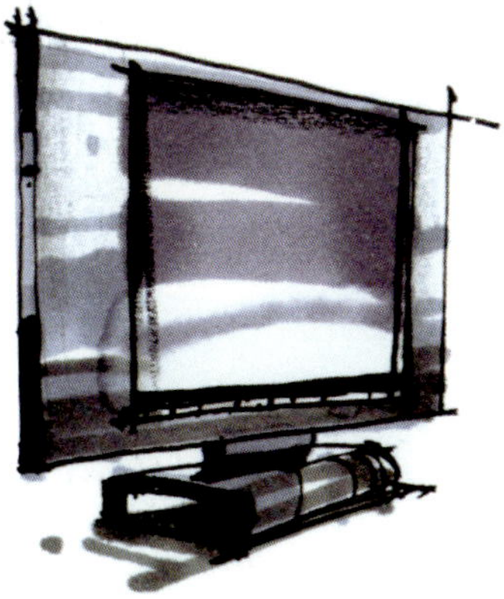

（六）装饰物品

装饰物品属于空间场景内的陪衬物，对于初学者来说，简易的装饰物品练习比较容易上手。我们可以通过装饰物品的绘画练习，娴熟地掌握各种曲线线条的绘制方法。绘制场景中的装饰物品应注意用线的灵活、准确、肯定，表现出物品的立体感即可，不要过分细致地刻画，尽量避免使其在场景空间中显得过于突出。

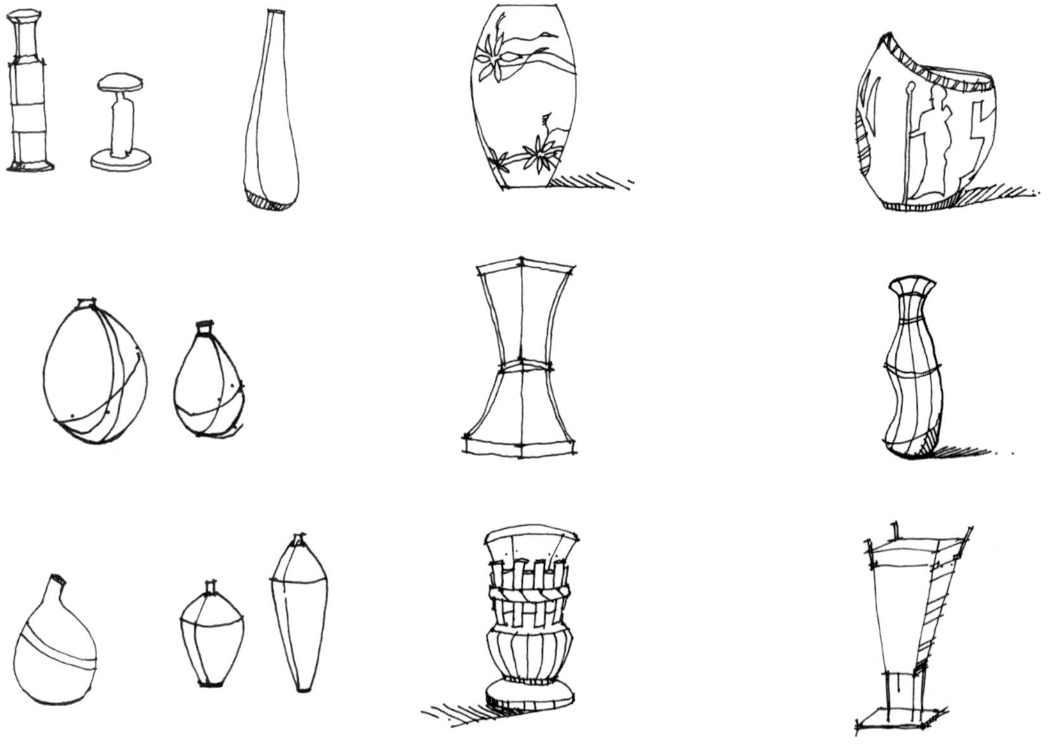

在表现器皿上的纹理时，要注意控制线条的数量与用线的力度，要与表现结构的线条有深浅、主次的区别。

装饰物品的种类多样，绘画时应注意表现出不同装饰物品的趣味性与艺术性。

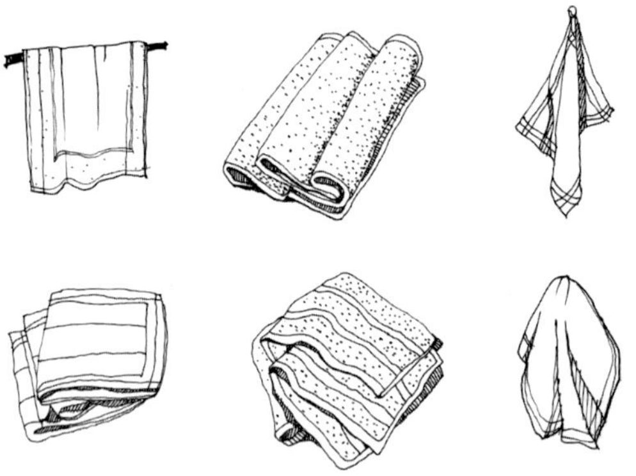

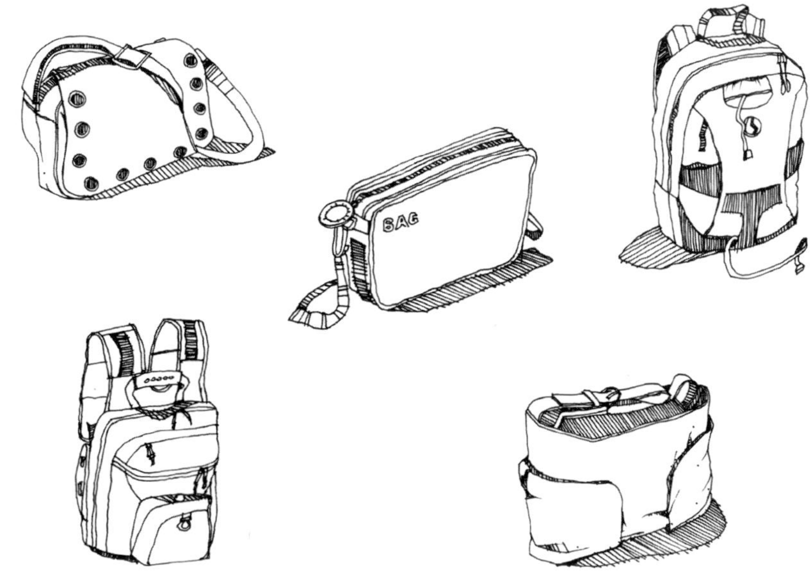
BAG

着色时注意对色彩的概括，往往几笔就可以说明问题，不需要进行过分细致的刻画。

NOTE

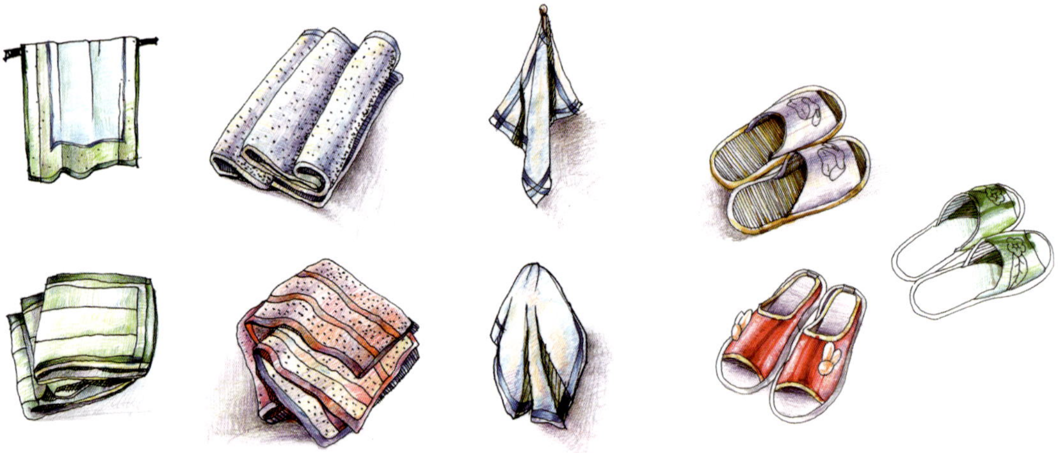

BAG

第三节 常用绘图介质的表现

（一）黑白线稿效果图表现技法

1. 黑白线稿的表现工具

针管笔、钢笔是黑白线稿表现的常用工具。

针管笔又称绘图墨水笔，是专门用于绘制墨线线条图的工具，可画出精确的且具有相同宽度的线条。针管笔大致分为注水式和一次性两种。针管笔的针管管径的大小决定所绘线条的宽窄。针管笔有不同粗细，其针管管径有0.05mm~1.5mm的各种不同规格，在效果图绘制中至少应备有细、中、粗三种不同粗细的针管笔。

钢笔分为一般书写用钢笔和美工笔两种。在效果图绘制中可以采用钢笔来绘制不同粗细变化的线条，钢笔的特点是线条流畅，粗细灵活富于变化，多用于表现自由以及生动活泼的氛围。

2. 黑白线稿的表现特点

黑白线稿按照表现工具一般可分为钢笔速写与针管笔勾线两种表现手法，在画法上可分为线描形式、明暗形式、线面结合形式三种。

用线条把对象的外部轮廓与内部的结构关系描绘下来的方法，称为线描画法。它具有表现清晰、明确的特点，是黑白线稿画法中最为普遍的方法之一。绘画时我们要仔细观察与分析对象的外部结构与内部转折，注意线条的交叉与衔接，以及各线条之间的关系，通过运笔的快慢、方向、顿挫、转折与弯曲来准确地表现对象的形体特征。虽然线描法在绘制中注重外轮廓与内部结构的线条表现而将光影、明暗等复杂的关系削弱甚至舍去，但绘画时要切忌将对象物体表现得过于简单化，导致画面缺乏立体感与空间感。

由于光线的作用，物体在不同的光照条件下产生出不同的明暗调子，用明暗调子表现对象物体，也是黑白线稿表现的基本方法之一。如同素描绘画一样，遵循物体明暗表现的基本规律，用钢笔或针管笔以排调子的形式刻画出物体的结构关系，用明暗调子表现对象面与面的交接、过渡与衔接，这种方法称为明暗画法。在绘画过程中无论光线怎样变化，出现在物体上的明暗调子应始终服从物体的形体结构，并且应做到重点突出、层次分明。重点突出是要注意室内场景中主体家具的表现，也可以理解为视觉中心的重点刻画，注意空间中的明暗对比，亮部提亮、暗部加深，要有虚实变化，这样画面才能有空间感与纵深感。

线面结合画法是在线描画法与明暗画法的基础上产生的。其画面表现特点为线描与明暗形式相结合，可以线描为主，明暗衬托，反之亦可。线面结合的画法可对画面场景进行简练的概括或充分的刻画，其应用范围非常广泛，可在掌握前两种画法的基础上，依据个人爱好与绘画特点进行综合运用。

3. 黑白线稿的表现方法

大多数初学者所谓画不好其实就是线条不够流畅自然，重复笔画太多，线条不直、或不圆滑，再就是透视不够准确。建议初学者首先应进行直线、曲线、圆的线条绘画训练，再进行单独物体的绘画训练，由写生到默画出对象物体，这个过程可以加深对透视的理解，训练时要注意线条绘画的速度与准确度。

一个有经验的作者下笔时可以从任何一个局部开始，而作为初学者，在确定构图布局之后，最好从视觉中心、形体最完整的对象入手，将其绘画好以后，将场景画面中其他部分的比例、透视关系以该对象作为参照进行接下来的绘制，这样画面不容易出现偏差。

绘画前我们要进行理性的分析，分清画面中的主次关系，做到主体实、衬景虚，切不可喧宾夺主地过分渲染。对于画面的重要部位要重点刻画，如画面的视觉中心，画面中主要的透视关系与结构关系，都可以用一些复线或粗线来进行强调。另外，表现主体和环境配景的疏密关系也是十分重要的，所以要对空间有一个整体的把握。

绘画时要注意线条与表现内容的关系。线条要有轻重、粗细、刚柔的区分，要尽量表达出所绘对象的性格与形态，如表面坚实的对象线条应挺拔刚劲，表面柔软舒展的对象线条应松弛流畅等。我们要对如何运笔进行深入的研究与练习，才能使绘画线条随心所欲，运用自如。

4. 黑白线稿表现步骤

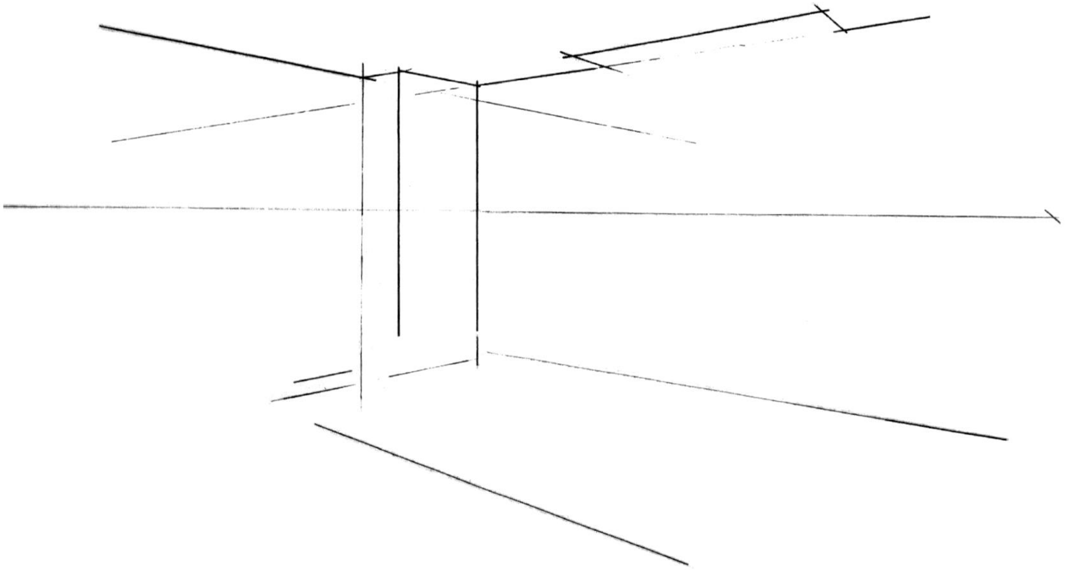

构图布局：绘画前我们要对画面整体的布局与透视结构关系有个大概的腹稿，可以通过分析与策划，用铅笔在纸面上对画面场景进行一个布置定位，较好地安排与把握整体的画面，还可画出主要的透视消失线与消失点作为接下来的绘画辅助。

整体绘制：勾画出主要家具的大体轮廓，并在大体轮廓线的基础上用钢笔或针管笔绘制出整个场景画面。此过程中要注意把握线条的轻重缓急与前后的穿插、转折等关系，尽可能地将画面场景的整体内容表现出来。

局部刻画：画面中哪个部分重些，哪个部分轻些，哪个对象要细致刻画，哪个对象要概括绘制，都要从整个构图的需要出发。我们要比较画面中前、中、远景物的差异，准确地选择表现线条与笔触，时刻考虑整体与局部的关系，最终做到整体表现之中蕴含细致刻画。

完善画面：在局部刻画完成之后，对画面进行整体的调整，加强画面的对比效果，接下来进一步调整各局部之间的关系，使画面协调统一。

效果图欣赏

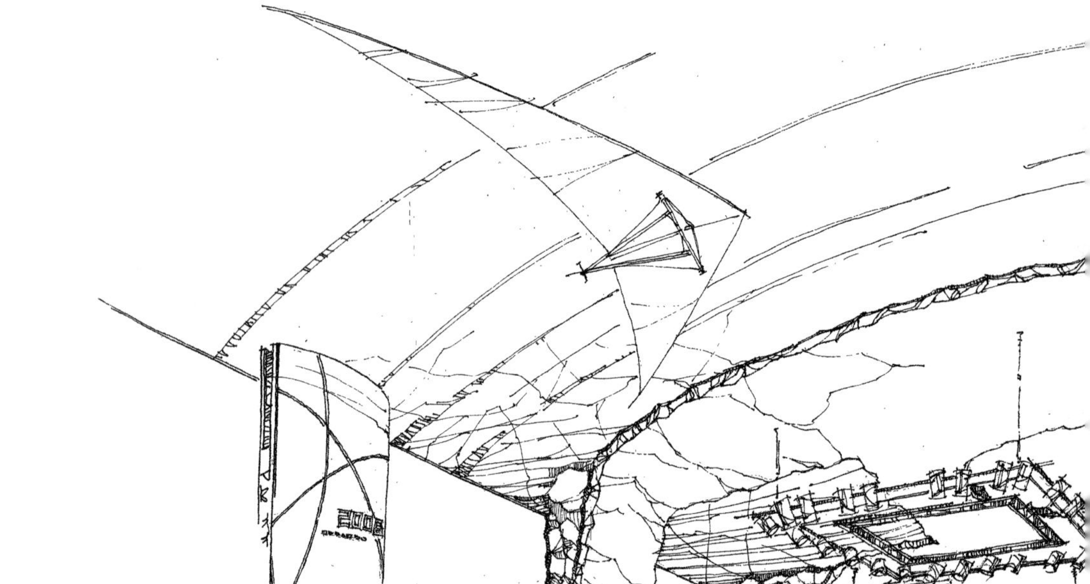

作者　丛鹏

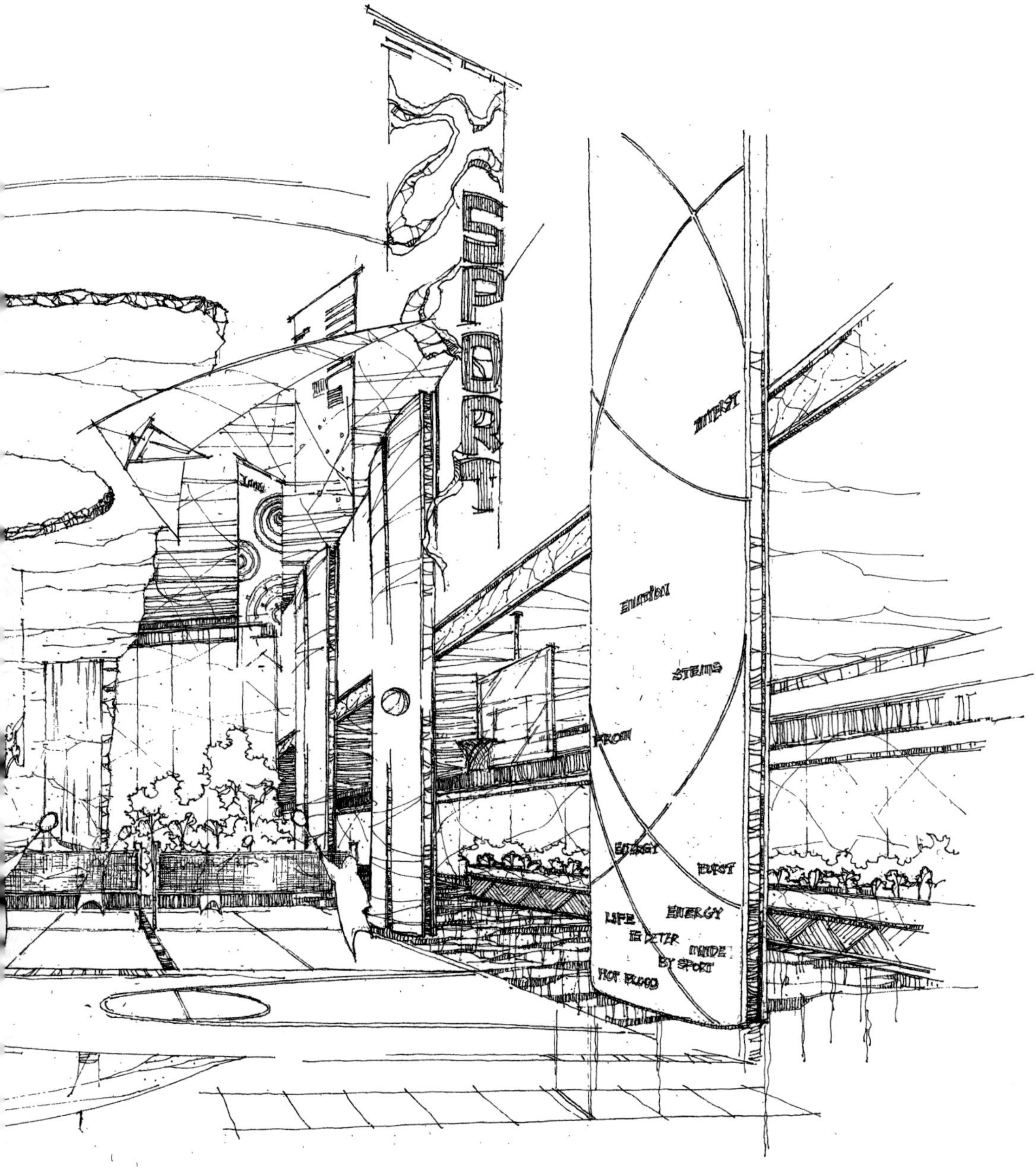
SPORT
FROM
LIFE
ENERGY
BY SPORT

作者　韩旭

作者 刘爽

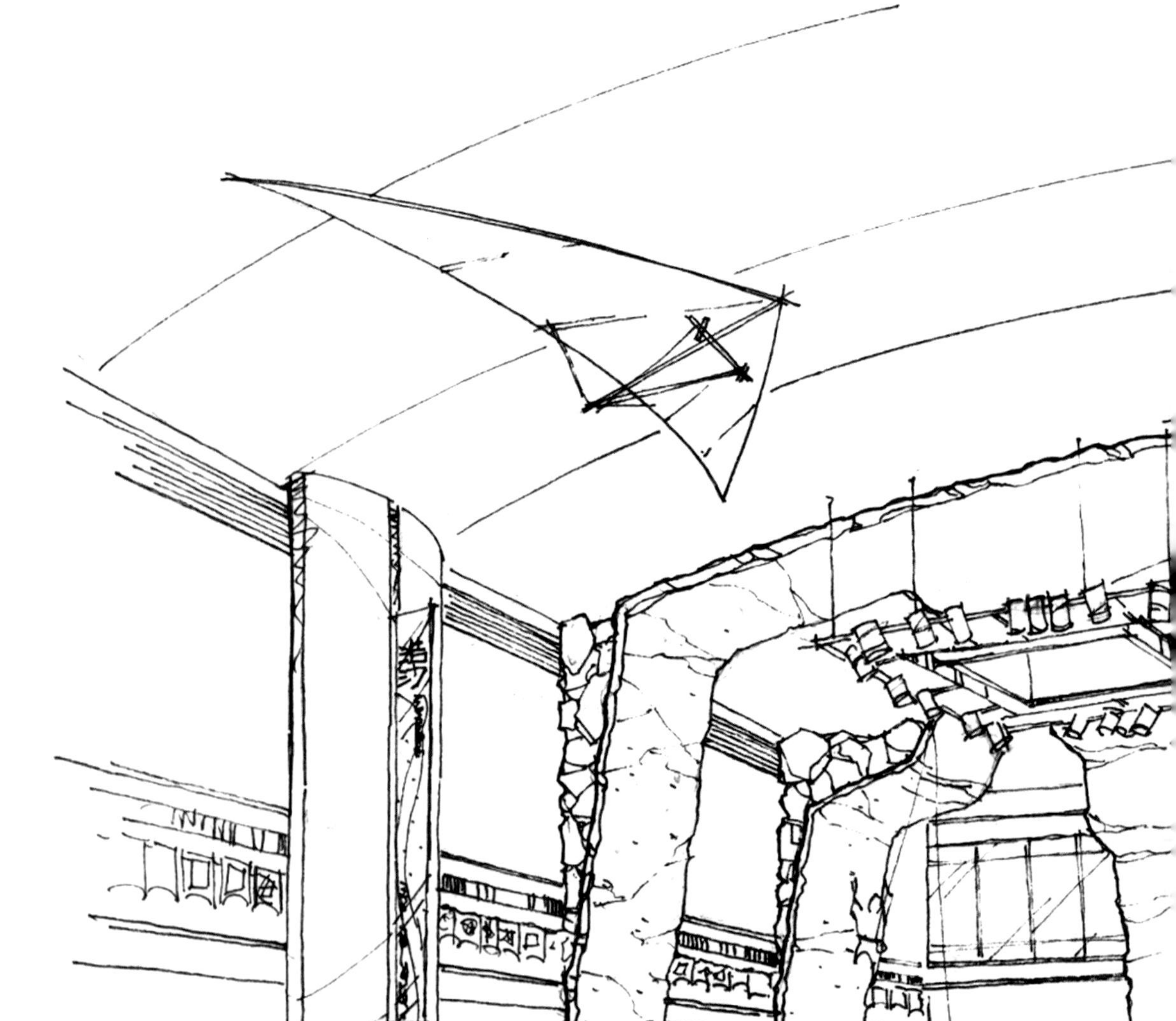

作者　丛鹏

作者 刘爽

2007.7.2.

作者 丛鹏

（二）马克笔效果图表现技法

1. 马克笔的种类

马克笔品种相当丰富，如水性的、油性的、酒精性的。水性马克笔没有浸透性，可溶于水，绘画效果与水彩大致相同；油性马克笔通常以甲苯为溶剂，具有浸透性，干得快、不掉色，笔触之间的衔接较好，由于它不溶于水，所以常与水性马克笔混合使用，而不破坏水性马克笔的痕迹；酒精性马克笔一般可在复印过的图纸上直接描绘，不会溶解复印墨粉，含能使颜色渐深或渐浅的彩色色调，颜色可自由混合，是当今效果图快速表现工具之首选。

2. 马克笔的表现特点

马克笔笔头为面积较小的宽扁形，用笔时可巧妙利用笔头形状，按各体面需要均匀排列笔触，准确地表现形体结构。

马克笔着色的最大特点是画面色彩透明、干净。用马克笔着色时应遵循色彩明度与纯度逐层递进的原则，高明度色块与低明度色块之间要用中间调子来调和衔接，一块色彩要表现得由深递浅、由浅渐深，各种复色表现的高级灰色调能使画面整体协调。纯度较高的颜色应慎用、巧用，以增加画面的视觉冲击力，起到画龙点睛的作用。

适于马克笔表现的纸张较为广泛，普通复印纸、素描纸、水粉纸、色板纸都可以使用，也可选择带底色的纸，这样比较容易统一画面的色调。纸的吸水性及吸油性要好，这样着色后画面色彩才能鲜艳饱和。

3. 马克笔的表现方法

初学者绘制马克笔表现图时建议参考以下几个方法：

①用马克笔着色时可先用冷灰色或暖灰色定出图中的明暗基调。

②运笔要准确、快速，用笔的遍数不宜过多。在第一遍颜色干透后，再进行第二遍上色，否则色彩会渗出而形成混浊之状。

③要形成统一的画面风格，就要有规律地组织线条的方向和疏密，因此用马克笔表现时，笔触大多以排线为主。除运用排线笔触外，还可根据需要灵活地使用点笔、跳笔、晕化、留白等方法。

④马克笔淡色无法覆盖深色，在给效果图上色的过程中，应该先上浅色而后覆盖较深的颜色。注意色彩之间的相互协调，应慎用过于鲜亮的颜色，多用中性复色。

⑤为了丰富画面效果，在使用马克笔时还可结合使用彩铅、水彩等工具。

4. 马克笔着色步骤图

⊙范例一：

第一步：画线稿时注意主次线条的运用。把握画面全局，注重线条在整个图面上的比例分配。

第二步：确定画面整体基调，首先描绘浅色与中间色部分。可用大面积铺色来确定整体色调，笔触不宜太拘谨。

第三步：强调画面的次重色与最重色。将想要强调的画面细节刻画得再强烈一些，注意先让整幅画面对比相对强烈，再尝试调和画面整体的虚实关系，同时突出线条和笔触的魅力。

第四步：整理细部，追求质感，丰富画面层次。大块面的部分宜始终保持简略，多强调细节部分的刻画，把握好主观的处理思路，保持画面的整体平衡。

⊙范例二：

第一步：画线稿时注意主次线条的运用。把握全局，注重线条在整个图面上的比例分配。

第二步：确定画面整体基调。应先描绘浅色与中间色部分，可从局部或者视觉中心开始描绘。

第三步：强调画面的次重色与最重色，将想要强调的画面细节刻画得再强烈一些。

第四步：注意先让整幅画面对比相对强烈，再尝试调和画面整体的虚实关系，同时突出线条和笔触的魅力。

第五步：整理细部，追求质感，丰富画面层次。大块面的部分应始终保持简略，多强调细节部分的刻画，把握好总体的处理思路，保持画面的整体平衡。

效果图欣赏

作者　丛鹏

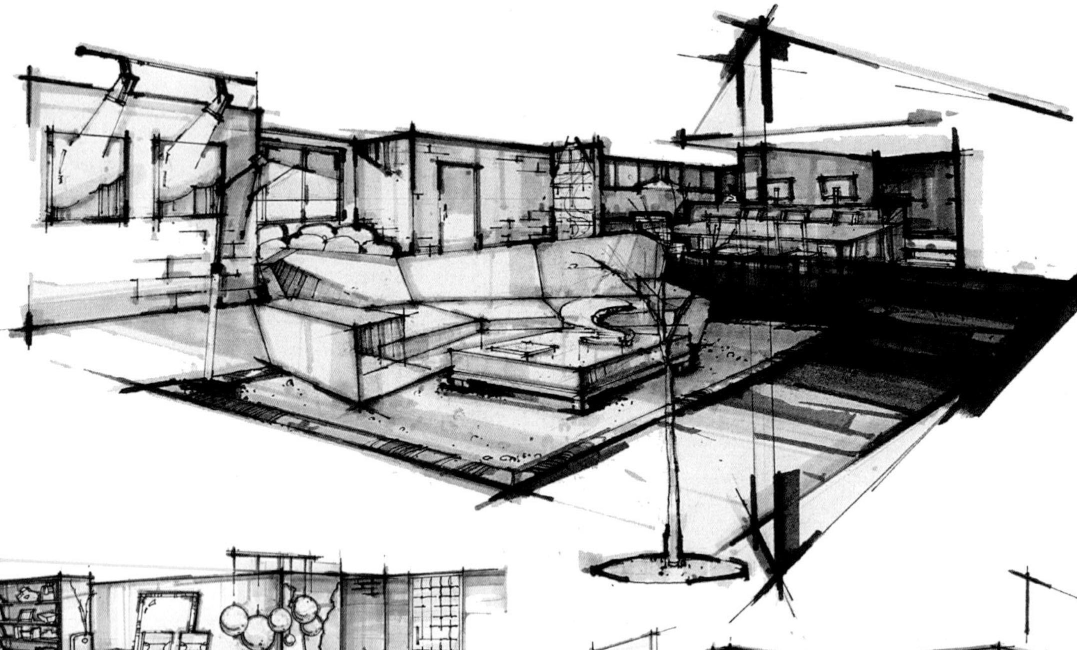

作者 李鑫迪

作者 吕博

作者 韩林

作者 李鑫迪

作者 韩林

作者　王丹

作者　王丹

作者 刘日端

作者　周丽霞

作者　王珊珊

作者 周丽霞

作者 周丽霞

作者 周丽霞

作者　曾皓洁

作者　曾皓洁

作者　曾皓洁

（三）彩色铅笔效果图表现技法

1. 彩色铅笔效果图的表现工具

彩色铅笔是当今效果图快速表现常用的工具之一。彩色铅笔的笔芯是由含色素的染料固定成笔芯形状的蜡质接着剂（媒介物）制成，媒介物含量越多笔芯就越硬。绘图时用硬质彩色铅笔，笔芯即使削长、削尖也不易断；软质铅笔如果削得太长则有断芯的危险。我们往往会发现一套彩色铅笔中，淡色的笔芯较硬，深色或鲜艳色的较软，这是由于笔芯中媒介物含量的多少不同导致的。一般在选择彩色铅笔时，往往选用含媒介物较少的，其质地较细腻，笔触表现较松软，容易画出鲜丽的色彩，而硬质的彩色铅笔恰恰相反，它在使用时容易“打滑”，不易表现出丰富的层次。

彩色铅笔分为水溶性彩色铅笔和不溶性彩色铅笔两种。水溶性彩色铅笔具有溶于水的特点，沾水便可像水彩一样溶开，具有浸润感，也可用手纸擦抹出柔和的效果。它的色彩丰富，表现力强，在表现柔软质感的物体上有不可替代的作用。彩色铅笔有6色、12色、24色、36色、72色等几种包装形式，在彩色铅笔的使用上应该发挥其色彩丰富的特点，尽量做到变化微妙，细腻平整。

2. 彩色铅笔的表现特点

用彩色铅笔作画时，是在墨线稿的基础上直接上色，用法同普通素描铅笔一样，着色的规律由浅递深，用笔有轻重缓急的变化，笔法从容独特，利用颜色的叠加产生丰富的色彩变化。用水溶性彩色铅笔上色后，用水涂色，在画面中获得浸润感，还可用手纸或擦笔抹出柔和的色彩效果。

然而，彩色铅笔的颜色较淡，且大多数颜色的饱和度都不高，即使是水溶性彩色铅笔经水溶上色后，色彩变化也不如水彩或水粉丰富。用线条涂成的色块往往看起来比较粗糙，不够细腻。因此，彩色铅笔作为一种快速表现的工具，不适合单独为较大的画幅着色，大多数与马克笔及水彩等工具材料配合使用，可弥补马克笔笔触单一的缺点，并且可以自然地衔接马克笔笔触之间的空白，起到完善和丰富画面的作用。

3. 彩色铅笔的表现方法

使用彩色铅笔时的用笔压力及重叠用笔，均能够影响色彩的明度与纯度。轻压用笔就会产生浅淡的色彩，若重压则色彩相对浓烈。另外，用彩色铅笔绘画时，它的笔触及排线有着自身的方法和特点。一般来说，彩色铅笔的用线应该是肯定的、排列整齐的，因为彩色铅笔不仅是用来画线的，它的主要任务应当是表现块面和各种层次的灰色调，因此需要用排线的重叠来实现层次的丰富变化。在进行排线重叠时，除了可以像钢笔排线笔触的组织方法外，还可以像素描一样交叉重叠，但重复次数不宜过多，因为重叠过多会失去色彩的明快感。

需要注意的是，一幅画作中彩色铅笔的色彩不能用得过多，不能景物中有什么色就全部都画出来，一定要保持色调的统一明快，一般使用两三种色彩来表现便足够了。要把彩色铅笔当做是为了表达物品的灰色面而使用的工具，而不可把其当做物品的固有色进行满涂。较亮的部分可以不涂，使其保持物品的光感和体积感，有亮光的物体要注意留白。

效果图欣赏

作者 刘爽

作者 刘爽

作者 刘爽

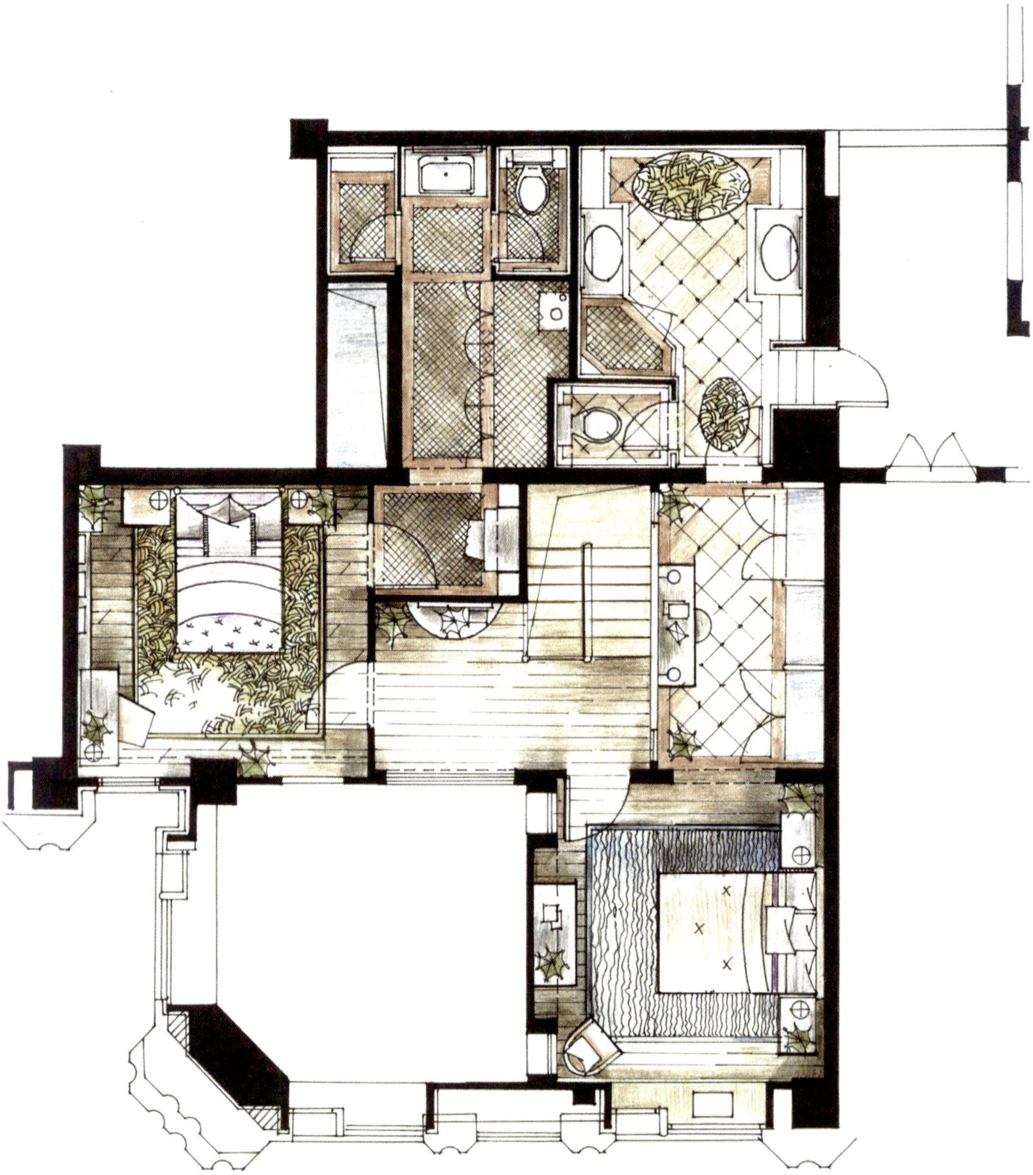

作者 王珊珊

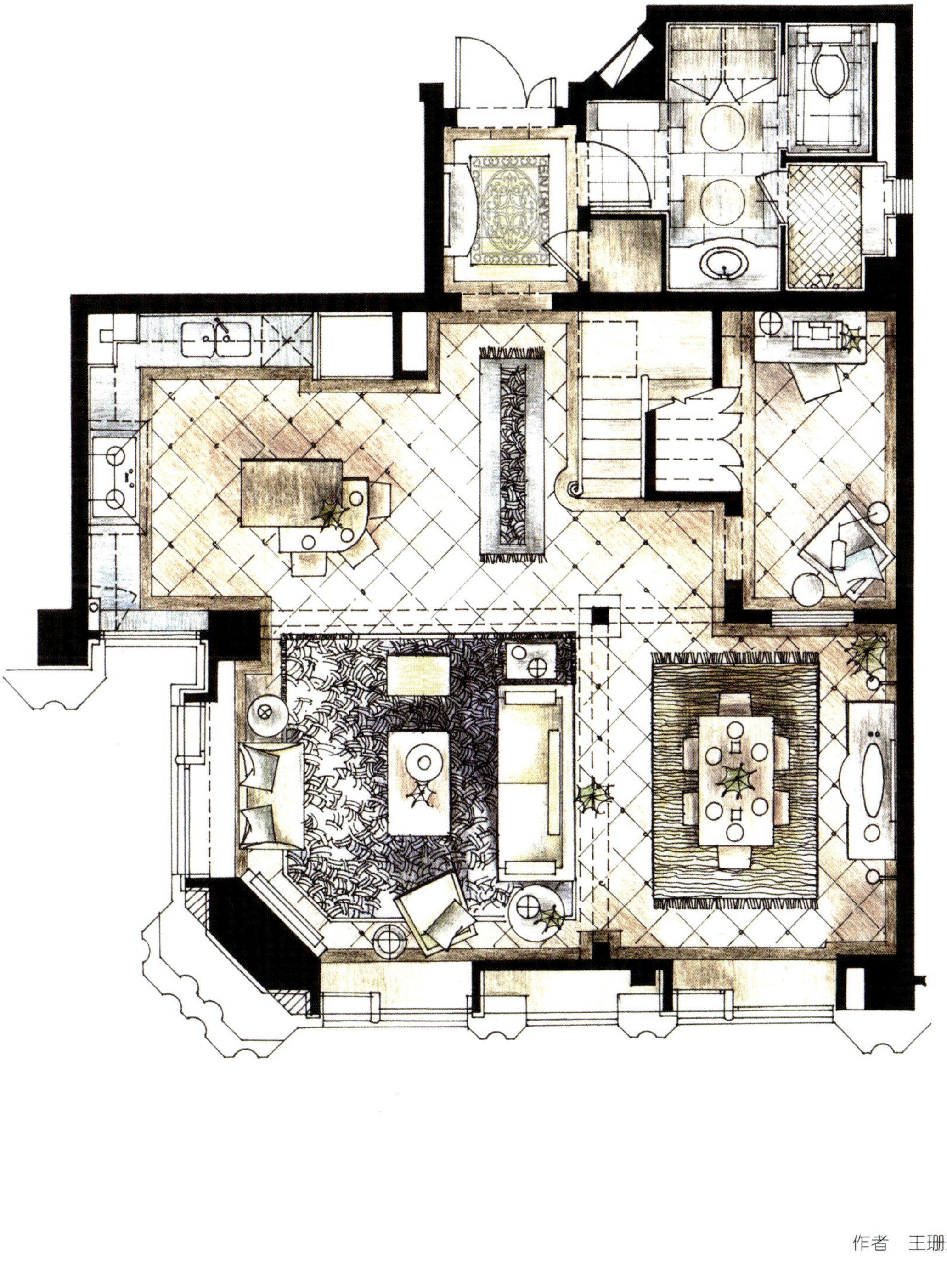

作者　王珊珊

（四）水彩效果图表现技法

1. 水彩效果图的表现工具

水彩是当今绘制手绘效果图的常用材料之一。其特点是颗粒细腻，透明性好，色彩淡雅，色调明快。水彩画对画笔的要求较高，应选用毛质软的水彩笔或进口尼龙笔，还可为大面积的作画准备中号和小号的羊毛板刷。用来绘制水彩效果图的纸张最好选择吸水性好、质地厚的水彩纸，也可选择一些进口的特种纸张进行表现。

2. 水彩的表现特点

水彩具有明快、湿润、清透的材料表现特点，能够表现变化丰富的室内场景。水彩颜料的渗透性很强，但是其颜色的叠加与覆盖力较差，着色时最多叠加两到三遍，因为反复叠加会使画面变灰，失去了水彩的透明感。

水彩表现的基本手段是渲染，包括退晕、叠加与平涂三种技法。

退晕法是一种使颜色润变的方法，颜料与水的巧妙配合，通过笔触的晕染使色彩充满水润感，有单一颜色的润变还有两至三种颜色相组合的润变，绘制时首笔平涂后，趁湿在下方用水或加色使之产生渐变，形成

渐浅或渐深的效果。退晕过程多采用环形运笔，遇到积水、积色须将笔挤干再逐渐吸去。退晕法能很好地表现画面的光感及空间感。

使用叠加法首先要区分明暗光影界面，用同一浓度的颜色平涂，留浅画深，干透再画，逐层叠加，这样可取得同一色彩不同层面变化的效果。

平涂法就是大面积水平的运笔，小面积可垂直运笔，趁湿衔接笔触，可取得均匀整洁的效果。

3. 水彩的表现方法

目前室内表现图中钢笔淡彩的效果图较为普遍，它是将水彩技法与钢笔技法相结合，发挥各自优点，颇具简洁、明快、生动的艺术效果。一张好的水彩效果图要求作者有较强的基本功和灵活多变的处理手法。建议初学者绘制水彩效果图时参考以下几点方法：

①在进行室内效果图表现时，可从顶棚、地面、墙面这些决定画面色调的颜色入手，尽量做到色彩准确，一步到位。

②在进行绘制时应由浅至深，由明至暗，逐层深入，亮部和高光须预先留出。

③绘制时要注意对笔端含水量的控制，水分太多，会使画面水迹斑驳，色彩灰而贫；水分太少，色彩枯涩，透明感降低，影响画面的清晰与明快。

④在刻画时要把琐碎的笔触和丰富的色彩渐变表现在画面主体上，做到近实远虚，并同时注意画面整体与局部的关系，不要因为琐碎的细节破坏了画面的整体效果。

效果图欣赏

作者　丛鹏

作者 韩旭

作者 王珊珊